精神独立，才是真正的独立。

独立姑娘

聊聊女性成长中的那些艰难时刻

汤圆 ———— 著

北京联合出版公司
Beijing United Publishing Co.,Ltd.

图书在版编目（CIP）数据

独立姑娘 / 汤圆著. -- 北京：北京联合出版公司，2023.1

ISBN 978-7-5596-6379-5

Ⅰ.①独… Ⅱ.①汤… Ⅲ.①心理学－通俗读物 Ⅳ.① B84-49

中国版本图书馆 CIP 数据核字（2022）第 127028 号

独立姑娘

作　者：汤　圆
出 品 人：赵红仕
图书策划：雪　庐
责任编辑：牛炜征
特约统筹：高继书
封面插画：怡麦 Claudia（小红书博主）
插画模特：HeyWasabi（小红书博主）
封面设计：仙境设计

北京联合出版公司出版
（北京市西城区德外大街 83 号楼 9 层 100088）
北京联合天畅文化传播公司发行
北京美图印务有限公司印刷　新华书店经销
字数 133 千字　880 毫米 ×1230 毫米　1/32　7.25 印张
2023 年 1 月第 1 版　2023 年 1 月第 1 次印刷
ISBN 978-7-5596-6379-5
定价：48.00 元

版权所有，侵权必究。
未经许可，不得以任何方式复制或抄袭本书部分或全部内容
本书若有质量问题，请与本公司图书销售中心联系调换。
电话：010-65868687 010-64258472-800

序：女性内心的自由，从精神独立开始

我听过很多故事。

我发现，不管是亲密关系，还是生活，90%的女性会有比较严重的"依赖心理"。

比如：

"为什么我经济独立，可我还是死死抓住另一半，完全没有安全感呢？"

"为什么我在恋爱中一直都是更黏人的那一方？"

"为什么明明这份工作不开心，我能力又不差，但就是舍不得离职？"

……

逃不掉的依赖，戒不掉的批判。

本质上，这是一种"自我剥夺"，依赖即是剥夺了自己选择的机会，让自己困于不舒服的环境中，失去选择权，然后又不停批判自己，周而复始，进入了无解的死循环。在这

种挣扎的痛苦中，我们几乎没法真正替自己的人生做选择。

现在太流行"找回自我""从别人的眼光里走出来""活出更好的自己"了。借此，我想说：真正的独立和自在，是精神上的独立。

我们如果长期看不清自己内心的真实需求，总是被情绪和感受牵着鼻子走，理性就会被淹没，情绪和感受会被误当作是整个"自我"。于是，在情绪和感受的单方面控制下，我们就失去了对自己的生活选择权。

从而，某一时刻我们就会感觉陷入了某种困境，比如：

"心情总容易被别人左右"

"一天的心情起伏总像过山车"

"无人可倾诉时总感觉自己要疯掉了"

"离开他我就感觉活不了"

……

所以，我们真的是没有任何选择了吗？

肯定不是的，人生从来不止一条路。只是我们已经习惯了依赖，依赖于现状、依赖于情绪和感受、依赖于对自己的批判。

事实就是，"依赖心理"是一种心灵束缚，让人丧失了主导权，喜怒哀乐任人宰割，毫无自在可言。如今大家都在提倡"女性独立"，真正的独立，绝不仅限于经济独立，更是精神上的独立，所以摆脱"依赖心理"是一门非常重要的女性成长课。

  在这本小书中，有我对"如何摆脱依赖心理，成为一个精神独立的人？"的理解和应对方法。如果你也有这方面的困扰，希望它能帮助你在某一刻对"依赖"有更为深刻的认识，成为你摆脱依赖、通往精神独立的助力。

  祝好。

汤圆

2022 年 10 月

目 录

第一章　关于情感——为什么对方能轻易左右你的情绪和感受？

怎样用爱修补你内心深处的伤痛　　　003

感情里，有时候需要更加直接的表达　　　013

分离，是为了更好的相遇　　　021

我愿意承担爱情的苦与痛　　　031

没关系，你只是为了保护自己　　　039

我爱你就是这么不讲道理　　　047

我的身体在诚实地说爱你　　　055

爱不应该成为你情感勒索的工具　　　063

给分手一个告别仪式　　　073

第二章　关于社交——为什么周围的关系总让你感觉不舒服？

在关系中最重要的是让人觉得舒服　　　　085

如何让对方觉得我懂你　　　　　　　　　093

你在关系里小心翼翼的样子让人很心疼　　103

做一个真真实实有脾气的人　　　　　　　113

评价能伤害你，是你亲手递的刀　　　　　123

目 录

第三章　关于自己——你会经常对自己感到不满意吗？

追求完美，是你最大的自恋　　　　133

走出舒适区，错在哪里　　　　　　141

积极独处：最好的独处是拥抱自己　　151

"在吗"——你是多没安全感啊　　　159

墨菲定律：其实这就是你想要的结果　169

我们的身体会说话　　　　　　　　177

第四章　关于焦虑——在缓解内在压力中学会精神独立

过于佛系，是一种压抑　　　　　　　　187

当我们表达愤怒时，我们得到了什么　　195

"尬聊"的背后是什么　　　　　　　　203

你一直在努力，却为何越努力越焦虑　　211

第一章

关于情感

——为什么对方能轻易左右你的情绪和感受?

怎样用爱修补你内心深处的伤痛

我们都是刺猬,
明明想用最柔软的地方去拥抱亲吻,
但是却用了最坚硬的刺。

有人说,爱情无非就是,我在闹,而你在笑。

我在网上看到一篇日本青空书房的老店主健一和他的太太和美的故事。

和美是一个好妻子,持家有道。健一说,这么好的妻子,嫁给自己真是可惜了。

和美非常爱吃醋,健一跟以前的女友闲谈了几句,和美一气之下就冷战了两个星期。

健一后来想到一个办法:给和美写信。收到信的和美渐渐消了气,还嗔怪健一:"亏你写得出那么多傻话来。"

你看，一个愿哄，一个受哄。有来有往，这就是爱情。

其实所有关系都是这样的，需要有来有往。

人的一生中，都会无可避免地进入关系。而在关系中，会呈现我们的行为模式以及相处模式，尤其是在亲密关系中。

从广义上说，亲密关系是包括跟父母、爱人、朋友在内的一种亲近、有亲密感的关系。现在一般默认亲密关系是狭义的亲密关系，即情侣、爱人之间的亲密关系。

真正的亲密关系是你与另一个人之间的深层联结，两个人之间彼此能从对方的回应中感受到自己的存在。

亲密是指彼此深入了解对方，互相袒露自己。我所理解的这种坦露是不带评判、只讲自己所体验到的感受。然而，多少人能真正做到。

在和爱人的亲密关系中，我们"吵架"有两种模式，一种是"热战"，剑拔弩张，情绪激动，出口伤人；另一种是"冷战"，无论你怎么挑衅，我不理，你做什么都激不起我一点反应。

婚恋情感专家凌子的一句话很适合放在这里："你是我

最亲密的爱人，所以知道我最柔弱的软肋，但也知道我最致命的伤，知道刀子捅在何处会让我最痛。"指的就是这种剑拔弩张出口伤人、情绪难以控制的吵架方式，这也是最激烈的吵架方式，看起来是你来我往，但双方在这情境下，往往口不择言，甚至人身攻击。

这时说话的人就像手持一把利剑，努力让自己看起来很强大很权威，气势不能输，说出来的话直戳对方最伤最痛的地方，势必要让对方痛得站不起来，求饶示好。可双方越是这样越难和好。

彼此就像两只刺猬，竖起全身的刺，去战斗，最终刺痛对方，也刺痛了自己。

再说冷战，冷战其实也是一种吵架的形式，只是跟"热战"比起来，显得并不像是在"吵架"。

被冷战的人往往会感觉对方视自己如空气。那是什么样的感觉？就是在你眼里我毫无存在感，毫无价值感。然而，存在感和价值感，对所有人来说，都是很重要的。

一个人需要被关注，需要被需要，没有存在感，没有价值感就意味着我的存在和价值被无情地剥夺了，这种时候人会被逼到发疯。你越视我如无物，我越需要你对我的关注！

于是另一方要么就越抓狂，并且加大挑衅力度，不管怎么样，只要你理我；要么就同样采取冷战方式，我也要你尝尝被冷战的滋味。

一个人的高姿态，让两个人都受到伤害，最终把双方逼到绝境，让亲密关系陷入万劫不复的境地。

我曾经听过这样一个故事：

一对情侣，两个人平时好得如胶似漆，眼里只有对方。但是，一旦吵架，女生就会自动进入冷战模式，对男生不理不睬，任凭男生怎么哄，都无济于事。每次吵架女生都油盐不进。这样的次数多了，男生很是抓狂。

后来，男生就改变了策略，每逢吵架，就挑衅女生，逼她说话。于是，他们逐渐从冷战模式进入激烈的热战模式。

听到"滚！""你去死啊"这些话从深爱的人口中说出来，犹如万箭穿心。吵到最激烈时，他们不舍得伤害对方，就伤害自己的身体。

吵架风暴平息后，他们又会后悔，互相拥抱，承诺下次再也不这样了。

可是，下次，依然如此。

可以说，他们爱得很深，也可以说，他们爱得很激烈。总让听故事的人担心他们下一刻会发生什么"惨案"，但很明显，对我们这些听故事人来说担心都是多余的。

因为这本来就是他们固有的相处模式。吵架—伤害—后悔—和好—吵架，无数次跌入这个死循环里。

有时候，我们都想不明白：为什么我们就是走不出这种互相伤害的循环？为什么我们要那么倔强，不肯妥协？为什么我们明明相爱，还要这样互相伤害？

这让我们对自己和对关系产生更深一层的怀疑：到底是进入亲密关系太难了，还是我本来就不适合进入亲密关系？

我们既然相爱，那伤害又是从何而来的呢？

依恋理论主要创立者约翰·鲍尔比（John Bowlby，1907—1990）认为，我们身体内部都有一种对情感的处理模式，被称为"内部工作模型"，是儿童在早期与主要抚养者间的相互交流与情感联系（早期的依恋体验）中构成的，儿童对自身、他人以及自身与他人之间关系的认知表征图式。也就是说，孩子跟父母或者主要养育者之间的关系会直接影响到孩子未来的亲密关系。

上面那个故事中的女主角，从小父母就忙于工作，不在身边。她身边也一直更换着照顾她的人。小时候是爷爷奶奶，再长大一点就是幼儿园老师。每天到了晚上才能见到妈妈。爸爸在外地工作，更是一周才能见一次。

照顾她的人频繁更换，导致她小时候就没有一段稳定的关系。哭和撒娇是孩子表达需求最主要的方式。然而跟同龄孩子相比，她不会撒娇也不太会哭，因为她不知道哭有什么用，能向谁撒娇。

她谈过三次恋爱，每段恋爱，吵架时她都会选择冷战。她无法表达自己的需求，只能选择沉默，一次次把对方逼到绝境，最后以男生提分手而告终。她渴望亲密关系，但是更害怕进入亲密关系。

故事里的男生是家里的二公子，能力很强，脾气也很好。他还有一位特别优秀的哥哥，父母对他并没有像哥哥一样那么严苛，也正因为这一点，他更想努力让自己变得更优秀，好让父母能关注到自己。父母对他的忽视导致他成了一个对存在感需求很强的男生，他无法忍受别人的眼里没有他，无法忍受那种存在感和价值感被剥夺的感觉。

毫无存在感和价值感让他感觉不到"被爱"，甚至会怀疑自己的价值，他害怕，他抓狂，像只受困的小兽，不断地去冲撞、不断地发出嘶吼，企图引起另一半的注意。

这对他们来说，都是很深的创伤，所以每次吵架，他们就莫名其妙地又走进同一个死循环里。这就是他们的关系模式。

往深了说，我们的创伤会在亲密关系中暴露无遗。我们都是带着创伤进入亲密关系的。越是亲近，越是安全，创伤越会呈现在亲密关系中。

我们都是刺猬，明明想用最柔软的地方去拥抱亲吻，但是却用了最坚硬的刺去互相伤害。

你最爱的人，往往伤你最深，那你有没有想过，一段良好的亲密关系从来就不是一个人的事情。

想想，我们就只有这两种选择吗？

不是的，正所谓"杀敌一千，自损八百"，更何况伤害的还是亲密的人，在伤害对方的时候，我们也照见了"丑陋"的自己，这反过来说，对自己也是一种伤害。

我们都希望，在吵架中攻击对方最深最痛之处时，对方能示好，能按照我们理想中的那种方式对待我们。

在某综艺节目中，应采儿说："我老公很闷的，所以时不时我会找他吵一架，我知道他的底线在哪里，但我就喜欢搞他一下。"陈小春拿起麦克风接话："她喜欢吵就吵，我可以把耳朵关掉，但我绝对不会跟她分开。"

分开是最不能忍受的，因为深爱，我愿意退一步。吵架是需要有人让步的。或者说，双方都要各退一步的。

道理我们都懂，可就是退不了，那怎么办呢？

所以很多时候，我们都希望对方改变他自己，来迁就我们，而不是我们自己做出改变。

其实改变关系最好的方法，就是自我成长。

正因为我们都是带着创伤进入亲密关系的，所以我们更需要在关系中了解自己、自我成长。想想，我为什么会选择这样做？还有别的选择吗？我到底想要什么？

看看，在亲密关系中，我们身上到底发生了什么，我们是带着怎样的创伤去应对吵架的。

"牵一发而动全身"，一个人的改变也会带动关系的改变。

一点点去了解自己，慢慢走出死循环。要在内心深处有所觉察，而这种觉察带来的不仅仅是个人的成长，还有关系的转变。如果没有觉察，在亲密关系中我们会不断进入死循环，也会在这死循环中，给彼此带来更深的伤痕。

当你能慢慢觉察到自己的模式，你会发现，自己也能看到、了解到爱人最深的需求。这将会成为你们关系的转折点。

人无完人，我们都是带着创伤相遇的，彼此拥抱亲吻，亲密无间，偶尔也会刺痛彼此。

但是，没关系，两个人在一起本就是一个磨合的过程。

不止性格，这个过程中，我们的创伤也会慢慢融合。

真正的爱是具有疗伤功效的。

健一说道："没有第二个人生，也没有第二次相遇。"

疗愈的答案是爱和成长。

学会享受爱情本身的美好。

坚持成长，学会去爱。就像那句话说的：爱情无非就是，我在闹，而你在笑。

感情里，有时候需要更加直接的表达

你想要啊？
你要是想要的话你就说嘛，
你不说我怎么知道你想要呢？

我身边有这样一个人，他叫小丰，他觉得自己一直处在一个很奇怪的状态中。

在旁人看来，他对女朋友小婷很好，但小婷总觉得跟他在一起很不舒服，很痛苦，所以经常无理取闹。而且身边的人都觉得小婷的脾气来得莫名其妙，就连小婷自己都这么认为，有时候都会觉得自己很糟糕，为什么会经常莫名其妙地发脾气。

有一次，我们三个人约在一起吃饭，聊天的时候小丰总是心不在焉，小婷因为小丰的心不在焉而处于爆发的边缘。我也有一种不被尊重的感觉。因为我们三个是比较要好的朋友,所以我就直接说出了自己的感受,也很真诚地问他是否有什么原因?他说他本来是想让小婷陪他打球的,结果却不得不出来赴约。

这时,我直接跟他说:"你那个'不得不'让我感觉很不舒服,就像是有人强迫你来赴约一样,但是事实好像不是这样吧?"

听了我说的话,小婷立刻就哭了,她说自己从来没有强迫过他。也许小丰不陪她,她会不高兴,但是他可以直说的。

小丰平时就不爱表达自己的需要,总是以一种模模糊糊的方式让她感觉不舒服,让她觉得自己是在强迫他做事,所以小婷才会有那么多"莫名其妙"的脾气。

我能感受到小婷的委屈,也明白这是她在这种不舒服状态下的一种"反击"。

其实小丰无法直接表达自己的需求,主要是因为怕小婷生气,怕小婷拒绝,所以他只好用一种婉转的方式——我去做你希望我做的事,但我的内心里并不是心甘情愿的。这是一种被动攻击。

所谓被动攻击就是不主动、不合作、不抗拒。

当我们不想做一件事,或者没办法表达自己的需求,但又"不得不去做"的时候,我们就会对那个"强迫"我们的人心怀不满和愤怒。这种不满和愤怒又不能直接表达出来,只能采取战一种不合作的方式被动攻击。比如说有意无意搞砸这件事，或者态度很差，反正一定要使对方不舒服。那些说不出口的"我不要"和"我需要"都化成攻击。这是一种无意识中对关系的破坏。

真人秀节目《妈妈是超人3》有一期的片段，让我深有感触。

霍思燕的儿子嗯哼很小就能直接表达自己的需求和情绪。

比如，当妈妈抱着"小嗯哼"（长得跟嗯哼小时候很像的一个弟弟）时，嗯哼就会吃醋，妈妈问嗯哼："你是吃醋了吗？"嗯哼会说："嗯！我吃醋了。"

很多时候，嗯哼会直接跟妈妈表达："妈妈，我要……"

看到嗯哼撒娇卖萌要自己想要的东西时，屏幕前的我心里又是高兴又是叹息的。

高兴的是，这么小的孩子就已经能直接表达自己的需求。叹息的是，当我们成了成年人反而变得更难表达自己的需求了。

好像我们越长大越难说出"我不要"或者"我需要"。这真的是长大造成的吗？

不是的。这正是小时候落下的病根。

比如说，小时候，爸爸妈妈经常对你说："你不能事事都靠哭的，不要哭了！不买不买！""你这样到外面是不行的！""你不能事事靠爸妈，你得靠自己。"

我们被灌输的观念就是，不能显示自己很弱。我听过很多人的故事，在大部分人看来，表达"我不要"和"我需要"这些需求都是一件显得自己很弱的事情。

这时候，为了不显得很弱，我们就会寄希望于对方，"我不说，你也知道""你应该是最懂我的人啊，你不懂我，怎么说爱我呢？"。

"我不说，你也能知道"，这是婴儿的状态，具有这种想法的成人在心理上还处在婴儿的共生阶段。

共生阶段，是指婴儿2～6个月时没办法独立，需要与照料者没有界限地共生。由于婴儿没有现实检验能力，不知道是别人在回应、照料着自己，他以为是自己在满足、回应自己，于是感到自己无所不能，这就是自恋的萌芽。在共生阶段，婴儿得到足够好的照料，他就能应对挫败；如果没有，这个挫败可能就是一个创伤。他长大之后一遇到挫败就很容易退回到共生状态，会一直追求那种与照料者亲密无间、自己无所不能的自恋感。

所以，当我们希望身边有一个人能做到"我什么都不说你也能懂我"的时候，我们可能就已经退回到共生状态，我们希望别人可以照顾到我们那些说不出的需求，可以完全懂我们。像那个共生阶段没有得到足够照料的婴儿一样，明明在内心已经哭着闹着，甚至可能已经在咆哮了，表面上还是风平浪静。但，这可能吗？

再加上，我们已经是有一定自我负责能力的人了。所以，我们要学会对自己的人生负责。如果我们不能对自己的需求负责，还停留在婴儿的那个状态，那就有点可悲了。

其实，很多时候都是"我需要……，但我害怕你的拒绝"。当我们没办法说出"我要"或者"我需要你"的时候，我们和对方往往是处于敌对状态的，意思就是，我觉得即使我说了，你也不会满足我。而且这个处于敌对状态的关系，充满着不信任，你不相信对方，你更不相信"有人可以满足我"。背后更深层的期待其实是"我非常希望你满足我"，但为了防止这个深层的期待落空，我先做出防御的姿态，拒绝表达这样的期待。

就好像现在很多女生不敢谈恋爱，是因为觉得对方迟早会离开自己。往深了说，其实我们很希望有个人无论如何都能不离不弃，但为了防止期待落空所带来的伤害，我宁愿不踏出那一步，我宁愿不恋爱。

矛和盾是相生相克的，你先拿出盾来保护自己，自己先摆出一副战斗敌对的姿态，也许你并没有意识到，但对方往往能感受到你的不信任和敌意。顺着本能，对方自然也会拿出矛来攻击你。

无论是不想显得自己很弱，还是害怕被拒绝，很多时候，对于这种直接表达需求的做法，我们多少都会有一种羞耻感。因此，我们很难面对自己真正的需求，又或者说，我们从来没有面对过自己的需要，所以不管对方有没有拒绝，当我们表达出来的那一刻，我们就觉得羞耻。这种羞耻感让我们恨不得钻进地洞里，恨不得立刻消失，期望对方把你直接表达的需求彻底忘记，那是一种很难面对的感觉。

而这种羞耻感可能正是来源于我们的小时候，不管是传统思想，还是父母对我们的期待，需求本身就是不被允许的。

就比如小丰，他告诉我，他小时候想买玩具，父母总会以各种理由拒绝他，比如说"你不用上学吗？""你这次考试成绩不好，不能买"等等，他在父母的拒绝中体验到羞耻感，会想"我怎么这样任性，提出自己的要求呢？"

所以，在这里，我们可能需要调整一下我们的认知，就是表达需求并不可耻。如果表达自己需求的时候觉得不好意思开口或者有一些羞耻感，可以想一下你在这段关系里是不是安全的，去体验一下这种羞耻感。这种羞耻感是从哪里来的，是你真的觉得表达自己需求是可耻的，还是害怕被拒绝带来的羞耻。

那些你说不出的需求，会成为关系的杀手。这种关系，不仅是和别人的关系，也是和自己的关系。

因为在压抑自己对别人的需求的时候，我们自己对自己也会有"表达"的需求，你心里会有一个声音对你说："说出来啊！说出来啊！"但是很多因素阻止你说出口。所以，这里就有两个需求：一个是对别人的"我需要你"，一个是对自己的"我需要自己讲出来"。

当你自己需要表达的需求被你扼杀了，你跟自己的关系也就停滞了，更别提跟别人的关系会怎样。但当你试着说出自己的需求时，你对自己的"表达"需求就被满足了，那个要别人来满足的需求可能也就没那么重要了。

在告诉对方你有这个需求的时候，你是在争取别人的看见，但对我们来说，自己看见自己才是最重要的。表达出你的需求，你的内在也会更大程度上被你自己看见，你会知道你的需求对别人来说是否合理，就会对自己和对关系有一种更深的认识。不合理的需求被表达出来以后，你自己会对这个需求有清晰的认知和分寸，就不会非要得到满足。

无数人怀念童年，我们也深知回不去了。我们回不去的是像霍思燕儿子嗯哼那样能自如表达需求的儿童阶段，但不代表着我们要停留在共生的婴儿状态，或者一直在那个害怕被拒绝的孩子状态。

如果你正在一段亲密关系中，我强烈建议你尝试表达自己的需求，表达一下"我需要你"，去尝试一下，也许除了羞耻感，你还会有一些新的体验。当双方都能打开自己，真诚沟通的时候，你会觉得坦诚其实并不可怕，即使羞耻感还在，但是这种新经验已经刷新了你的旧体验，你可以选择原有的模式，也可以选另一种关系模式。

在咨询中，来访者往往会对咨询师有所防御，但当来访者放下防御，打开自己，才是咨询关系的真正建立，才是疗愈的开始。所有的关系都是这样的。当你对别人实施被动攻击时，一定是在破坏关系。只有真诚地表达自己，才能打开自己。

虽然我一直认为我们不需要一味做个老好人，要懂得合理地拒绝，但在拒绝前，最先要学会的就是正确地表达自己。

学会表达自己的需求，你会有更多的选择。当然，也更自由。

分离，是为了更好的相遇

儿时的分离焦虑只是一次演习，
长大以后，
你所面临的分离都是货真价实的。

有人问我：为什么我觉得我的男朋友对我不好，我却怎样也狠不下心分手呢？

当时我想到很多原因，比如说这么多年的感情，她舍不得；比如说害怕分开后的流言蜚语，她不敢离开；比如说她自己本身对关系的一些困惑。

但是，这些我都没说，只说了一句："嗯？那你自己觉得是什么原因呢？"

她也只说了一句："我可能是害怕离开。"

只是这么简单一句话，我忽然就完全理解了她的感受。

她是舍不得过去那些对她男朋友的付出，也是舍不得跟她男朋友一起经历过的那些事。但归根究底，这些都算是幌子，舍不得的背后是恐惧，对分离的恐惧。

对分离的恐惧在亲密关系中是最常见。有些人就是没办法理解这种感觉，他们只会觉得这种事情真是小题大做。如果一个人对你不好，直接分手就是了；同理，如果一家公司对你不好，直接辞职走人就是了。但有时候，事情远没有这样简单直白，人也远远做不到想象中那么潇洒。

分离本身就意味着一种痛苦，因为分离本身就带来一种"被抛弃感"。分离就意味着有一个人的离开，也许人跟人之间的联结没有断，但离开带来的感受仍然是痛苦的，这也是一种最原始的痛苦。

之前在看一档真人秀节目时，陈学冬的大姨说出这么一件事：在陈学冬五六岁的时候，他大姨跟奶奶就把他送去了全托幼儿园，他就边走边哭，然后，陈学冬跟他大姨说了一句"你们大人不要我了"。

我们大概能想象出一个小孩撇着嘴委屈巴巴可怜兮兮地说出这句话时，一副被抛弃的样子。

就是这种感觉，被抛弃的感觉。被抛弃后一定是有委屈和愤怒的。这种委屈和愤怒会通过不同方式表达出来。

有一对异地恋的朋友找到我。

一开始男生就直接跟我说，他们因为工作原因，所以两人异地。因为见面机会不多，所以两个人一见面就好得跟蜜里调油似的。但很奇怪的是，就那么点见面时间，女生也会莫名其妙地发脾气。

我就问了一句："那她通常是什么时候发脾气呢？"

男生停了一下，好像已经想出什么了。女生刚想说话，看了一眼已经按捺不住的男生，瞬间又安静了。

男生说："每次快要异地而处的时候，或者说每次我们快要分离的时候，她就会莫名其妙地发脾气，搞得大家最后离别的时候，情绪和感情都不好，然后和好之后又黏到不行。"能看出来男生为此总是很苦恼。

女生这时候就感觉到了被指责，就迫不及待地反指责男生："你一定要走！明明可以多留一点时间的！"

即便他们一直在相互指责，我还是从女生的那句话里听出了一点不一样的感觉。我问女生："如果你不骂他，你不生气的话，你会想说什么。"

女生一下子愣住了，哭着断断续续地说："不要走。"

这三个字里面包含了女生很深的感情。我想那个男生一下子也被震惊到了，他从来没有想到原来每一次短暂见面时间的吵架，女生目的只是希望他不要走。

我能感觉到"不要走"这三个字的分量，那是一种很害怕分离，很害怕被抛弃的感觉。其实她很害怕分离的感觉，即使是约好的分离。但事实上，每到这种时候，女生是很脆弱的，而男生不知道这一点，这会让女生加倍委屈，所以提分手提了无数次。于是这段异地感情的状态风雨飘摇。

但女生就是说不出"不要走"这三个字。

我很理解女生这种感觉。异地恋本身就是一件很难的事情，加上每次见面时间都需要倒数，即使是有预期的分离，还是无可避免地产生抵触感。在告别的时候，战战兢兢地觉得对方离开就等于自己被抛弃了。但是基于现实和理性又没办法说出"不要走"这三个字，所以就用了别的方式来替代这种说不出的被抛弃感。希望因为自己的生气，因为自己不高兴对方就会改变主意留下来，那样就能抵消掉内心中很深的被抛弃感。但同时，也会有所愧疚：自己怎么那么不懂事，不考虑现实强硬把对方留下来。如果还有低价值感的情况，还会觉得是自己"求"回来的。

因为考虑到必须分离的现实，所以"不要走"这简单的三个字真的是很难说出口。但是分离带来的恐惧和被抛弃感却是一直存在的。

电影《灵魂摆渡黄泉》里有一句台词："情之所钟者，不惧生，不惧死，不惧分离。"

但其实有时候,分离本身就是一件让人很恐惧的事情。害怕分离,其实是害怕被抛弃。

你还记得你小时候第一次跟父母的分离情况吗?是被送去亲戚家待一两天,还是像陈学冬一样被送去全托幼儿园?你还记得那时的你吗?是不哭不闹还是大哭大闹呢?

那个女生,她自己可能也不太记得了,她只记得爸爸妈妈说过她很小的时候有一次把她送去亲戚家。她很乖,不哭不闹,所以亲戚家邻居都很喜欢她。她爸妈很骄傲"生了个很乖不怎么需要操心的女儿"。之后很早就送她去了全托。每次分离她都很乖。即使在全托幼儿园里被小朋友欺负,她也不太哭,是后来老师告诉爸妈,他们才知道的。她爸妈说起这些事的时候,是回忆。但现在的她只觉得很苦涩。因为那个时候小小的她心里就把分离已经跟被抛弃感画上了等号,每一次分别都认为是"爸妈不要我了"。

每个孩子到两岁才开始有"客体恒常"的概念,客体恒常指的是一件事物(一个人)不见了,是因为我们看不见,而不是他消失了,就像小时候最经常玩的游戏——躲猫猫也是在逐渐建立"客体恒常"的概念。小时候最重要的客体就是主要照顾者(尤其是父母),但小孩子不清楚,他们只会认为爸爸妈妈消失了,不要我了。小孩子最怕的一件事情就是父母的抛弃。

所以这种对被抛弃的焦虑,对分离的焦虑一直留在她的潜意识里。虽然她已经忘了那时发生过什么,但每当和亲密的人分离的时候就会勾起她这种创伤性体验。

这种每到分离的时候就会产生的不安感以及各种表现在心理学上叫作分离焦虑。分离焦虑是指6岁前孩子,在和主要照顾者(尤其是母亲)分离时,会出现的极度焦虑反应。这种情况会延续到以后,跟亲密的人分离时也会出现焦虑反应。孩子会用哭闹、尿床的方式表达,成人跟亲密的人之间可能就是用争吵、分手来表达这种焦虑。

我想在亲密关系中,很多人可能一直在面对这种让人很煎熬的分离,也一直停留在分离带来的焦虑感中。

因此,很多电视剧最催泪的都是分离时刻,不管是生离还是死别。

分离其实可能并没有我们想象中那么可怕,可怕的是随之而来的被抛弃感。那是熟悉而糟糕的创伤体验,只是简单一句"拜拜"就能被轻而易举地唤起。即使已经长大了,知道这个人只是暂时不在身边,还是会回来的;知道那句常说的话"分离其实是常态",但被抛弃感的侵袭还是让人委屈愤怒,同时,还多了点无助。

我知道有分离焦虑的人会一直避免分离，或者说一直在抵御被抛弃感的侵袭，但往往都是徒劳无功。

分离，是一种停滞，停滞在小时候"野蛮"分离所带来的焦虑感和被抛弃感中，也停滞在了对分离的恐惧中。那种被唤起的"走了就等于永远离开了"和被抛弃的感觉，是我们潜意识里幼年时期的创伤体验。

小时候，跟爸妈分离，哭闹的时候就想他们回头抱抱哭着的自己，说一句"宝宝乖，爸爸（妈妈）在啊"。对小时候的我们来说，分离是需要一个过程去适应的。长大后，即使在跟爱人或亲近的人分离时，其实也可能只是需要一个坚定的拥抱，也需要一段时间一个过程。

我也是个有分离焦虑的人，后来遇到了一个人，虽然我们也是异地恋，经常面临分离，他也会不断告诉我"我在的"，并用实际行动抚慰我的焦虑不安。我在这个人身上一次又一次体验到跟以前完全不一样的新经验。就是这样，新的体验一次又一次地累积，逐渐覆盖掉旧有的创伤体验。不知不觉中，对分离的焦虑会相对来说减轻了不少。这就是一个好的客体存在的重要性。他对我而言，就是一个非常重要的很好的客体。当然，前提是关系足够亲密并且相互信任。

只有用新的经验才能"覆盖"原有的体验，而且这是个漫长而又循环的过程。

也许有人会说，很难遇到好的客体。是的，那我们自己可以成为自己好的客体。所谓成为自己好的客体，指的就是我们会照顾到自己这部分的感受。

分离焦虑的确是一件很痛苦的事情。但是如果连我们自己都看不见自己对分离的焦虑和恐惧，那可能我们期望的能成为自己好客体的那个人也不会看见，这样只会让亲密关系陷入分裂的状态，一直因为分离而处于和好—吵架—和好的循环中。如果我们自己能去觉察这部分，看到自己对分离的焦虑和恐惧，成为自己的照顾者，那首先分离的这部分感受我们是能看见的，并且我们能体会到它的存在，同时也会明白把期待全放在另一个人身上是不切实际的。这时候，分离，也不是特别难的事。

当然，这不是强迫自己心理独立。只是说，随着年龄增长，我们意识上虽然很清楚，但心理上对分离的感受还是停留在幼年期某个阶段。所以我们得去觉察看清楚自己害怕的到底是什么，是自己停滞在哪里，停滞在哪个阶段哪个状态？

接受现实之前，得先看清。有时候，成长可以不前进，但至少不停滞。先学会给那时的自己一个拥抱，照顾好自己，自己给自己新经验，而不是总是寄希望于别人能够看见。只有这样，自己的内心才会逐渐强大。

分离,是一生的课题。分离总是让人难过的,也许一开始很难,因为新的经验总是会让人措手不及,无法适应,但没关系。试试,一步步来,一次次累积新的体验。

只有一步步与过去的自己分离,才能真的成长。

我愿意承担爱情的苦与痛

你不愿意种花,
你说:"我不愿意看见它一点点凋落。"
是的,为了避免结束,你避免了一切的开始。

　　我身边经常有这样一群女孩,长得不赖,性格又很好,既能独当一面又能小鸟依人。不管是御姐范儿的,还是清纯如邻家女孩儿的,都善解人意又贴心,唯一让人百思不得其解的是,她们都没有对象。

　　每次谈到这个话题,她们也表示很无奈。

　　A就是这群女孩中最典型的一位,她不止一次地问我:"我是不是不适合恋爱啊?"

　　每每听到这句话,我都感觉既心疼又无奈。

A不是没有追求者,相反,她有很多。只是每一次,在别人表达好感之后,她就开始退缩。即使对方是她喜欢的人,她也会躲得远远的。

她有过两段恋爱,最后都无疾而终。两任男友对她的评价出奇地一致:"你好像根本不需要我,在你的生活里我就像是多余的。"

A也很无奈,因为她一直以来就是这样的,坚强、独立,自己一个人就能搞定一切。她很少主动向别人求助,如果有什么事就自己先解决,自己解决不了的就找朋友,最后才是男朋友。

在她心里认为"只要是自己能解决的事情,就不要麻烦别人了",即使对方是她的男友,在她眼里也还是"别人"。

其实,她也不是不想有个肩膀可以依靠。她害怕进入亲密关系之后,一旦自己开始依靠对方,对方就会离开了;害怕自己不够好,缺点被发现;害怕自己受伤。

两位前任的话就像她心头的一根刺,让她觉得这都是她自己的问题,觉得自己"不适合恋爱"。于是,她紧紧锁起了心门,再也不敢轻易打开,让别人走进。

她一直在等,等别人主动前来,几番尝试。如果对方能表现得让她满意,她就把心门打开一点点。一旦对方的任何举动让她感到一点点不适，她就会把心门再次紧紧锁起。当对方既想靠近又无法进入她的心门时，就只好知难而退了。而躲在心门后的她，想喊住那个转身而去的人，却发现自己不知该如何去表达。

于是，她不断地以这种方式证明——"看，我就是不适合恋爱"。

这个想法被一次又一次强化，她更不敢随意打开心门。躲在门内的她既落寞又无奈，只能竭力避免进入亲密关系。所有人都只看到她逃跑的身影，却没有人看到她内心真实的渴望。

我问她："如果你不够完美会怎么样？"

她瞪大眼睛，说："对方就会离开啊。"

从她的话里能听出来，她在害怕自己不够好，害怕自己因为不够好而被抛弃。

在心理学上，有一个专业名词叫"依恋"。依恋是个体对重要他人形成的一种深厚而持久的情感联结。

英国心理学家约翰·鲍尔比提出一个自我工作模型，这个模型主要关注的是，自我是否是有价值的，是否是值得被关爱和看护的。比如说，当婴儿需要时，如果看护者能给予爱的回应，婴儿就会认为别人是可信赖的，自己是可以被爱的，是值得被照顾的。相反，如果看护人的态度是拒绝的，或者矛盾的，那么婴儿就有可能发展出"自己是不值得被关爱的"，或者"自己应该自我满足"的信念，从而不需要别人的关爱。特别在某些重男轻女思想较为严重的地方，更有可能催生女孩的"我不值得被爱""我只能自我满足"的低价值感。

A就是这样的。她有个弟弟，在妈妈怀着弟弟的那段时间，还只有两岁的她，就被送去爷爷奶奶家。爷爷奶奶年事已高，不能在她哭闹的第一时间满足她的需求。加上她还是个女孩，在爷爷奶奶家更不受待见。直到弟弟出生后，她才被爸爸妈妈接回家。

她童年里印象最深刻的画面是，襁褓中的弟弟一哭，全家人就都心疼地跑过去抱抱亲亲，只留她一人在一旁孤零零的，没人注意。等她稍微长大了一点，爸妈工作越来越忙，照顾弟弟的责任又落在了她身上。

她害怕自己照顾不好弟弟，爸妈就会像小时候一样，抛弃她，不爱她。

所以，她"必须"既要照顾好自己，又要照顾好弟弟。同时，她也觉得自己就是"被抛弃的"，她应该自我满足，自己照顾好自己，别人是不会来关爱自己的。她"必须"是完美的。

所以,她很努力,很"争气",从来不需要家里担心。这种"争气",在家人眼里,就是"完美"。

这些信念深深地刻在她的骨子里。

她把这些信念带到成年,带到了亲密关系中。即便后来,父母对他们把照顾弟弟的重担放到她身上,把很小的她放在爷爷奶奶家这些事情表示歉意,并加倍对她好,也已经无济于事。她的人格已然形成,她觉得自己就应该这样独立,有事情不应该"麻烦"别人。

在她心里,这已经成了理所当然的事。

如果不是亲密关系出了问题,她大概也觉察不到,原来自己把这种缺爱模式也复制到了她的爱情中。

她心底深深的恐惧感,让她无法建立起真正的亲密关系,若有若无的距离感和被动,也让交往对象体验到"毫无存在感"。一个又一个恋人离她而去,更坚定了她的信念——"我是会被抛弃的",这更加深了她对亲密关系的恐惧。

这种恐惧影响着她,让她既小心翼翼又委屈,不敢真正进入亲密关系;害怕的是怕对方发现她不够好而抛弃她;委屈的是自己都已经做得这么好了,有事自己也能解决了,为什么还是被抛弃,不被爱?

她就像一只小老虎，对外可以威风凛凛独当一面，在自己的世界中却蹲在城墙后，渴望被看见，渴望亲密，却又害怕别人靠近。

在心理咨询中，很多人都会问我要方法，希望能尽快解决目前的困境。事实上，所有的方法都离不开自我的觉察，当你能觉察到自己对这件事的认知和情绪，你就更能理解自己当下的状态。

因为无法控制，人总是对未知产生恐惧和焦虑。

因为你不知道自己进入亲密关系后会怎样，所以你就会被这样那样的未知以及你所认为会发生的事情所困扰。

大概你也很心疼那个害怕不被爱、被抛弃的小女孩吧？所以你让她一直留到了现在。

有位我很尊敬的心理学前辈，广州白云心理医院首席心理专家沈家宏说过这样一句话："我选择，我承担，我承担，我自由。"

仔细想想，还真是这样。也许你和 A 一样，渴望真正的亲密关系，却苦于无法踏出那一步。或者即使有了自己的亲密关系，也还是面临这样的困境。

事实上，当你进入一段亲密关系时，如果你尝试通过自我觉察，觉察到自己的恐惧，把未知变成已知，选择踏出自己的心门，那么你就会更自由，你也就能更好地进入亲密关系了。

看到过去的真相，觉察自己，积攒你的力量，尝试告诉自己"我已长大，不用害怕"，告诉自己"我选择，我承担，我承担，我自由"，抱抱内心那个恐惧的自己，跟他告别。

诗人顾城说过："你不愿意种花。你说，我不愿意看见它一点点凋落。是的，为了避免结束，你避免了一切的开始。"

不要急，不要怕，从内在一点点积攒力量，冲破过去设下的心防，更自由地做自己、享受爱。

没错，你是值得的。

没关系,你只是为了保护自己

"生活就像一盒巧克力,
你永远不知道你会得到什么。"

我有一些朋友,他们总是频繁更换男女朋友。

在我采访他们的心路历程时,他们说,他们也特别怕,在进入亲密关系的时候,他们会感觉特别不踏实,就好像下一刻这段感情就要毁了。这不是真正的亲密关系。

当然,单身和频繁更换情侣可能有很多原因。

但有些人,就像我的那些朋友,一旦接触到亲密关系就会觉得特别不踏实,就是感觉这份关系没落到心里,总是觉得很虚,瞻前顾后踌躇不前。

一会儿想,自己值得吗?

一会儿想,这段关系会怎么样?

有人说，这是在亲密关系中没有安全感。是的，这其实就是为什么有些人一旦处在亲密关系中就会觉得特别害怕。

现在，很多人自嘲是单身狗，甚至有人自嘲"凭实力单身了这么多年"。但说穿了，有些人其实并不是缺少目标对象，只是在害怕亲密关系，害怕与人太过亲近，所以当一段亲密关系长出苗头时，就会无意识地用各种方式把这苗头扼杀在萌芽状态。

就像在咨询中，很多人预约咨询是因为生活中出现了特别痛苦或者特别困惑的事情。但当跟咨询师的关系日渐亲密，两个人的关系逐渐深入的时候，很多人就会对这段关系产生各式各样的情绪，做出各种不同的表现。

有些人在快到咨询时间的时候，就会出现既期待又害怕的矛盾情绪：期待是因为这是可以表达的机会，意识上也觉得这是一段安全的关系，而这种害怕其实可能来自潜意识的本能，害怕关系的深入。即使在意识里知道在某种程度上这段关系是安全的，有些人还是会因此直接中断关系。

曾经有人问我："什么是亲密关系？"

我觉得，亲密关系是一个很大的话题。在此之前，很多人对一段关系怎样才算是亲密关系其实并不是很清楚。

因为每个人的情况都不一样，我们没办法说怎样的亲密关系才是真正的亲密关系。

但在进入一段亲密关系过程中，一定会有很多的恐惧。比如，害怕自己不够好，害怕自己会受伤。其实这种恐惧的背后，是害怕亲密本身。

上文提到的咨询和在亲密关系中频繁更换对象，都是虽然意识知道了，但是潜意识还是会害怕，还是需要用一些行为和表现来确认。

我遇到过一个很可爱的女生，性格非常好，但一直都是单身。

很多人都说给她介绍对象，她嘴上也说着："好啊好啊，给我介绍啊。"有时候她还会直接表达"哇，这个我喜欢"。但实际上，每当身边人真的给她介绍的时候，她又开始退缩，找各种借口拒绝。

久而久之，就再也没有人给她介绍对象了。

因为平时私下往来比较多，彼此特别熟悉，我们两个也成了特别好的朋友。当我们发生冲突的时候，她都会下意识地回避，但是我不一样，我会邀请她沟通。每一次沟通后，我们都能明显感觉到彼此的关系更近了。有一次我们争论得比较激烈，甚至算得上是吵架了。当时她说了一句话，一下子就让我震惊了。

她说:"我不知道真正亲密关系是什么样的,什么样的关系才算是亲密关系。"

当时她是哭着扯着喉咙跟我说这句话的,尽管我们还在吵架中,我的心还是一下子就软了。

就是因为不知道一段亲密关系到底该是什么样的,所以她不敢踏进亲密关系。每当有人给她介绍对象的时候,除了害羞,其实更多的是对亲密关系的恐惧。也正因为不知道亲密关系应该是什么样的,所以即使是进入一段距离很近,可以说是亲密关系的关系中,她也会不知所措,害怕冲突,还会本能地拒绝进入亲近的关系。

这种本能的害怕,跟意识没有关系,跟潜意识中的某些创伤有关系。

就像我很怕猫,极度害怕的那种,每次看到都会吓得僵在那里不敢动。很多人都会跟我说:"没事的,别害怕,猫不会主动伤人的。"每次听到这种话,我都会说:"嗯,我知道,可我就是害怕。"

是的,在我的意识中,我虽然知道猫是不会主动伤人的,但是每次都会本能地害怕。因为小时候跟猫之间有过不太愉快的回忆,那种创伤的感觉就一直留在潜意识中,以至于即使意识不到,但潜意识中的那种创伤感还是会被唤起,让我每次见到猫都会僵在那里不敢动。

这种本能的害怕，就类似害怕进入亲密关系，即使知道这段关系是安全的，还是会本能地害怕跟一个人太过亲近。

就像我那位朋友。她的家里有个弟弟，爸妈经常忙工作，她除了照顾自己，还要照顾弟弟，所以她从小就很独立。小小年纪，就懂得怎样拿着10块钱在菜市场买一天的菜了。从小到大，妈妈给她的印象就是"不管我"。无论是她小时候在生活上遇到什么困难，还是她成年后选择学校和选择工作，都没有人管她。她一个人把自己照顾得妥妥当当的，倒也没让人担心。

这种妥当和独立都是被"逼"的。

就这样，她的成长经历，爸爸妈妈都没太参与。虽然他们知道女儿这一路不容易。也许是因为在她小时候工作太忙，等她长大了又出于愧疚而无法开口，所以他们一直都没再向她表达过任何的关心。

爸爸妈妈的"不管"，其实就是冷漠和疏离。

在她需要陪伴、照顾和爱的时候，都只有她自己一个人面对。

即使她再爱自己，她也不懂如何爱别人。因为从一开始，她就不懂得爱是什么，爱一个人到底是怎样的，一段关系怎样才算是亲密关系。没有参照，就无从入手，从而害怕退缩。

所以，对她来说，爱是未知的，一段亲密关系，也是未知的。以至于，慢慢地对亲密关系的恐惧变成了一种本能。其实，害羞在很大程度上是一个借口，真正让她下意识拒绝亲近的，是那种害怕进入亲密关系的本能。因为亲密关系对她来说就等于不确定，不确定也是最能让人感到恐惧的。这真的是太让人心疼了。

她跟我说："看心理书上分析，成年后的亲密关系都要参照跟妈妈的关系，可是我妈根本就不管我，所以我都不知道真正的亲密关系应该是怎样的。"

所以她小心翼翼，始终又不敢放开试爱。她不知道亲密关系中是会爱恨共存，所以她尽量避免冲突，只想要保留爱。

她总觉得自己是"注孤生"（注定孤独一生）。

但其实，这只是她的潜意识在本能地保护自己。

很多人会觉得，既然已经对亲密关系形成了本能的恐惧，那何不就这样单着呢？甚至消极一点去想，一辈子就这样一个人过了。

这就好像是无奈地接受了现状，让亲密关系变成了一道单选题。

很多时候，我们都忽略了，自己是有能力让它变成多选题的。

荣格说过:"你没有觉察到的事情,就会变成你的'命运'。"

当我们下意识地远离亲密关系时,我们可以看看这种下意识的距离到底是从哪里开始,为什么会恐惧亲密关系。

恐惧也没关系,重要的是,我们要去感受恐惧带给我们的信息。尝试着跟恐惧待在一起,看看到底是什么在作祟,引起了我们的恐惧。

当然,同时也试着去看清亲密关系的真面目:它既没有你想的那么美好,也没有你想的那么可怕。它只是众多关系中,离你内心最近的一种。亲密关系跟人一样,有血有肉,有悲欢离合,也有爱恨情仇,这都是很正常的。最重要的是,你愿意去尝试。

当你愿意去尝试,并踏出第一步时,你会真切地感受到一段关系的存在,再也不需要惶惶不安、小心翼翼地去对待亲近的关系了,也不会在无意识地推开关系后,有"注孤生"的"觉悟"。这样,对待关系,你有了更多的选择。

韩剧《经常请吃饭的漂亮姐姐》里的女主角在遭遇渣男后,曾在醉酒时喃喃说过这么一句话:"真正的爱情是什么?我不知道,因为没爱过。"但即便如此,即便她也知道这段姐弟恋不被很多人看好,她还是在遇上男主角之后,说出了

"喜欢就要轰轰烈烈地燃烧自己"的话。

她最后还是去尝试了。不管怎么样,她都体验过一段真正的爱情。即使后来被迫和男主分开,虽然她也心知放不下,但她还是决定坦然面对分开这一现实。

事实就是这样。

人生就是如此。

你不去试一试,你永远不知道真正的亲密关系是什么滋味,永远只能躲在恐惧的阴影中,把身边的人无意识地推开。

当然,你也可以选择站在原地,躲在阴影里,不去尝试亲密关系的滋味。

没关系的,这都是一种选择。重要的是你知道自己为什么做这样的选择。

电影《阿甘正传》里有一句非常经典的台词:"生活就像一盒巧克力,你永远不知道你下一次会得到什么。"

亲爱的,我告诉你,亲密关系也像一盒巧克力,不放入口中尝一尝,不身处其中,你永远不会知道它的滋味。

不用害怕。

一段关系,有苦有甜,才真正让人感到踏实。

关系中,一切都是你的体验。

我爱你就是这么不讲道理

懂得了很多道理,却依然过不好这一生。

——《后会无期》

在一段亲密关系中,双方难免会吵架。

一般来说,吵架是这样的:

女:今天上班,我做错了一件事,领导就开骂了。

男:怎么了?

女:(开始讲事情,最后长叹一声。)

男:我觉得那个领导也没有不对啊,你确实是做错了,你可以这样这样做的。

女(一下子就生气了):你什么意思?我不需要你来告诉我怎么做。

男的一脸茫然,"我做错什么了?"

这样的场景在生活中很常见,很多时候情侣吵架的一个重要原因就是一个讲道理，一个讲感情。

有一个朋友给我发过她和男朋友的吵架对话，她男朋友的思维就是"一就是一，二就是二"。在她很累很烦的时候，其实只是希望男朋友安抚一下，但是在对话中，她男朋友总是在做总结性发言，逻辑清晰，还教她应该怎么做。对此，她很生气。本来她只是想要得到一些安慰而已，结果都会变成了两个人的关系问题。每次沟通都以吵架结束。到后来，她觉得已经不太喜欢她男朋友了，对他的感情已经淡了。而他男朋友还一直觉得自己是正确的，是无辜的。

有句话说：讲道理，讲道理，讲着讲着感情就淡了。这里的"讲道理"一般指那些普遍被认可的正确的大道理。

正确意味着什么呢？就是"我是对的"。

我们都知道现实世界不是非黑即白的，还有一些灰色地带。但是我们潜意识却并不真的这样认为。我们常常陷入一个思维误区，就是亲密关系中发生的事情只有对与错。

对亲密关系中发生的事情，判断标准只有对与错，这是二元对立的思维方式。虽然这些人往往看起来很理性，但实际上却很难触碰到真实的情感体验。在亲密关系里只讲对错，看待事情的方式只有一种，思维就会逐渐僵化，甚至有时候就会只讲理不讲情。跟这样的人相处，会感觉沟通困难，两个人说着说着就可能变成了辩论。

如果一段关系只剩下对与错的辩论，那这段关系距离崩塌也没多远了。尤其是在亲密关系中，过分讲道理只会让两个人越走越远。

只注重对错的人其实是因为害怕犯"错"。有时候还会被这种害怕蒙蔽双眼，看不清事情真相，认为别人在指责他，从而恼羞成怒，反过来破坏关系。

喜欢谈对错的人，在他的思维里面，就只有对与错。

这样很容易陷入两个极端，要不就极其自负，要不就极其自卑。

我曾经遇到一个合作方，当时是甲乙丙三方一起合作，他属于牵线方丁。合作到最后，有一个甲方乙方的会议，我当时非常积极地在群里问，作为丙方的我是否需要参与，需要做些什么事情。有个男生回了我一句"接下来的事情由甲方乙方协商"，当时我还在群里追问了一下，却没人再说话了。后来甲方乙方共同在群里征求关于另一件我完全不知道的事情的意见时，我蒙了，而且有点生气，以为是甲乙双方协商好的，逼我们丙方妥协，所以直接拒绝了。后来我跟牵线方的另外一个女生A（一直以来我是跟那位女生沟通对接的，我们比较熟悉）沟通了一下，才知道这是个误会。那个男生当时其实啥都不知道，也没参与会议，就回了我那句话。

得知真相的我当时很无语。

最后，因为此前在群里直接拒绝甲乙双方的邀请，我去群里坦承是我误会了。后来我为免尴尬，我就打算通过那个女生 A 跟那位男生沟通一下（毕竟不熟），可不可以请那位男生解释一下，因为我也不知道他是不是真的毫不知情，所以才随口说了那么一句，万一当时会议真的跟我们丙方无关，那真的是尴尬了。后来谁也没有想到这个男生出言侮辱了我之后直接就把我删掉了。我当时觉得非常震惊，因为在我的认知里，我是没有做什么，只是邀请他做一下沟通。

我很好奇这名男生的想法。通过第三方了解，才知道这男生其实是英国数一数二的公立大学的研究生，他当时看到了我在群里的道歉，觉得我是在打他脸，我是在说他错了。即使我当时只是为之前拒绝的事情道歉，但他的理解是，我可能也是在告诉大家，他错了。他的意识已经植根于"我错了"这个想法中，所以他一气之下，对我进行了辱骂，并且恼羞成怒，直接把我删了。这是一个拥有着极高自尊的男生，而且他的高学历也给他这个极高的自尊再镀了一层金。但同时，他又是极其自卑的。据说他在英国公立大学读的是市场经营，但是后来他却因为害怕某大集团市场部的面试有很多人竞争，所以他去投了一个销售职位，而且成功面试上了。

你看，这就很矛盾了吧，照理说他拥有如此高的学历，如此雄厚的背景，他完全有理由去申请竞争他心仪的市场部，而且他后来后悔了，是因为他觉得市场部的人没什么了不起。这时候他的自尊又突然变得极高。这样一会儿极高自尊，一会儿极其自卑的人，俗称"玻璃心"，是很容易破碎的，因为他不能接受任何评判的声音，但其实这个声音不是来自别人，很多时候就是来自他自己。

这种评判就是他所认为的对错，他甚至不给人任何沟通的机会。这种情况会在交往中让对方陷入非常无奈和尴尬的境地，甚至会让对方觉得委屈和愤怒，这种委屈和愤怒来自"你连沟通的机会都不给我，直接用你的标准判定了我"。仔细想想，也许这种无奈、尴尬、委屈和愤怒正是他所传递给你的。

有时候我们会很奇怪，对错的标准是什么？为什么有人就一定要按照对错来衡量关系中发生的所有事情呢？

对错是相对的，这种标准是很早之前定下的。

也许你小时候考试考砸的时候，你哭着想要爸爸妈妈安慰你说"没关系的宝贝"，或者给你一个拥抱，结果爸爸妈妈回以一句"这里怎么就做错了？"或一张冷漠的脸，于是你知道了，你的感受不重要，考试答案的对错很重要，比你的感受还重要。

也许是你小时候跟小伙伴玩耍的时候，不小心被打了一下，你回了一下，双方父母闻讯而来。你的爸妈看到你的时候，第一时间不是问你"疼不疼，怎么了"，而是直接呵斥你："为什么打人,打人就是错的!"你愣住了,伤口更火辣辣地疼了。于是你知道了,原来你疼不疼、发生了什么事都不重要,打人就是错的,对错很重要。

又或许还有更多发生在你和父母之间的关于对错的事……

在父母的眼中,孩子的对错是什么?孩子的错意味着在打父母的脸,在告诉父母他们的孩子不是完美的,父母无法接受这样的现实,于是他们强调对错,用一些"正确"的大道理去教育孩子镇压孩子。这对孩子来说是一种创伤。

又或许是,爷爷奶奶才是你童年的主要照顾者,他们非常宠爱你,以至于你停留在"我是世界之王"的全能幻想中,认为"我就是王,我就是标准,我就要妈妈无条件听我的,无条件地照顾我"。

这样停留在创伤期或者全能幻想期的孩子长大以后,跟人交往的思维模式就只有一种:对和错。

事情不应该只有一面,如果能用更灵活更多元的思维去思考问题,你会发现,事情往往都是既有对的,又有错的;既有好的,又有坏的。我尊重那位男生一直坚持自己没做错的想法,但是我无法认同他辱骂我的做法。反过来说,我很庆幸,这件事让我看清一个人值不值得长期合作和深交,即使他学历再高、再能干,一旦在他跟我的交流中,执着于"对错",那也是让我非常郁闷的。一直陷在自己的对错思维里,

第一章——为什么对方能轻易左右你的情绪和感受?

并且不给别人沟通机会的人,是没有办法很好地建立关系的,因为某种程度上来说,他不给别人机会,其实也是不给自己机会。他无法允许自己犯错,他也不会给自己放松的机会。

没有一个百分百正确的人,如果有,那肯定是他自己所认为的"百分百正确",而且给别人带来伤害而不自知。

一件事情,如果我们能从多方面去看,思维就会更灵活,更有广度和深度。比如说,在一场吵架里,我会更关注跟我诉说的这个人心里的感受,我会好奇,这场吵架到底是怎么引起的?双方在这中间会被激起什么感受?这些感受是不是跟以往某些经历中的感受很类似?他们的思维为什么会不一样……这样多方面去思考事情,跳出这件事情本身,从多个角度去思考问题,很多事情自然而然就有了关联,而且并不只局限在事情本身的情理中。

当然,我不是说不讲道理。

交往要讲道理,也要谈感受,先谈感受后讲道理。

在发生事情时,首先应该关注的其实是感受,不管这件事是发生在自己身上还是别人身上。"对与错"这个标准有时候太理性,会让人恐慌不知所措,会让人一直想要责怪自己。而先关注感受,再关注事情,是因为很多时候"对与错"在当事人心中早已有了判断,当事人不需要别人来提醒自己心中的那些判断。激起那些感受,只会让人更难受。很多时候,大部分人包括我们自己,需要的其实是一个被看见的过程,一个能看见我们的人。当你被一个人看见的时候,也许你还会坚持"对与错"很重要,但是你会在看见自己"对"的那一部分同时,也会更愿意去接纳"错"的那一部分。

在关系中,对和错,有时候真的并没有那么重要。

当对和错变得很重要的时候,人其实就变得很卑微。无论是恼羞成怒,还是严重指责自己和对方,其实都是心里那把刻着对和错的戒尺在狠狠地惩罚着自己。

亲爱的,在讲对和错之前,我想先谈谈你,好吗?

我的身体在诚实地说爱你

我们的身体是最诚实的,他会告诉你,
对方爱不爱你,你爱不爱他。

现实生活中很少有人跟我谈性。

在私密的咨询室里,有些人就会提到性和婚姻的问题。而通常在一段无性的婚姻中,双方都是受害者。因为没有身体的接触,我们就无法感受对方的温度;没有性,大家在一起的时间里,除了柴米油盐酱醋茶,或者一句口头的"我爱你",就没有其他更好的爱的证明了。

我们的身体是最诚实的,因为它会告诉你,对方爱不爱你,你爱不爱他。我始终认为,亲密关系的真假是可以通过身体的亲密接触看出来的。

所以我觉得在一段亲密关系中里面,性是非常重要的。

A跟B结婚多年,相处起来很舒服,沟通也无障碍,这是一段在外人看起来没有任何问题的婚姻,但是他们却一直在谈离婚。因为他们已经很久没有性生活了。而无性,暴露了很多问题。

女的说:"我们平时相处得很好,沟通没有什么障碍,但就是睡觉的时候,各睡各的,他也不碰我。"言辞之间充满委屈。

男的说:"我是真的没有兴趣。平时上班很累了,哪里有兴趣呢?"

女的说:"肯定不是因为累!你以前不是这样的……"

男的揉了揉眉头,长叹了一口气。

这一幕看起来很戏剧化,却是真真切切地发生了。看起来和谐美满的婚姻,也只是看起来的幸福,两个人早就没有当初的那种感觉。

然而,性可能只是果,两个人在相处过程中种下的苗头才是真正的因。身体是很诚实的,诚实到我爱不爱你这件事,在亲密接触时显露无遗。

关于爱不爱一个人,身体比所有明文的条例和标准都要诚实,这不是可以量化的,而是一种无意识的生理反应。

社会心理学有个概念叫"心理距离",指人和另一个人或者群体的亲近程度,表现为在感情、态度和行为上的亲近程度。如果两个人关系疏远的话，不管是心理还是生理上，距离都会比较远；如果两个人关系比较好，除了心理上的亲昵，还有身体的贴近。简单地说，在一群热闹的人里面，距离比较近的两个人，我们都会理所当然地认为他们的感情比较好。同理，我们总是能在人群中一眼就看到情侣，那不仅仅是因为情侣给人的感觉不一样，而且是因为他们身体上的距离会比好朋友更贴近，两个人身体靠近时也会有意无意散发出一种亲昵感。

性和爱是有很大关系的。性是爱最直接最客观的反馈。不管是在影视作品，还是在现实生活中，我们都看过太多有性无爱或有爱无性的故事，从中我们知道爱和性是分不开的。

亲密关系不只意味着心理上的亲密，更意味着身体上的亲密，没有性的亲密关系是不完整的。《圣经》说，上帝用男人亚当的肋骨造成女人夏娃，所以亚当称夏娃是他的骨中骨，肉中肉。两个人的结合才组成了一个完整的人。

在电影《前度》中，女主角是男主角的前女友，因为一些意外，两个人又住在一起，由于同居生活唤起了他们对彼此的思念，最直接表现就是同居生活中的你来我往撩起了他们对彼此身体的渴望。

谈到性爱，很多人都会纠结一个问题，在亲密关系中，是先有爱还是先有性。有个比较极端的观点认为"女生是为了爱而性，男生是为了性而爱"。我觉得不能这么笼统地下结论，因为这也是因人而异的。性爱除了是生理需要，其实更多可能是一种心理需要，性跟爱在一起时往往先是满足了心理需要，再来才是生理需要。

但是我们也能看出，性跟爱往往是绑在一起的。性跟爱可以不分先后，先性后爱，先爱后性都可以。这里面一定少不了心理因素。

不知道你对性的第一感觉是什么？我想大部分女生会不约而同想到一个"痛"字。在我们所接受的传统教育中，性是一件秘密的事情，即使两人之间好到无话不说，也不太容易谈到性，因为在我们的观念里，性是比较羞耻的。幸好现在观念更新，我们也越来越能自如地谈论这个话题了。

现在很多人可能只能偷偷地从一些影片中或者电影中一些很含蓄很隐晦的场景去窥探和了解性，一些电影把性拍得很唯美、很浪漫、很温柔，让人觉得性也是一件充满爱的事情。

然而在现实中，很多人却羞于跟另一半谈性。而羞于谈性，往往会让我们无法真正地投入进去。

我们的传统文化除了羞于谈性，也缺乏性教育。越是压抑，越会对性好奇。潜移默化中，我们就会认为女生的第一次非常非常重要的。而且听说第一次会流血，说到流血，我们自然会想到这是一个很恐怖的画面，自然会觉得初夜是很痛，一点都不美好的。

在对两性意识很懵懂的时候，我和闺密讨论过未来的初夜，我们一直在纠结会不会很痛这个问题。没有人告诉我们，性也可以是一件很美妙的事情。

也因为文化和道听途说的"痛"，很多女生会把第一次看得非常恐怖。对于未知的事情，恐惧必定大于好奇，带着恐惧投入到性中，是不会体验到快乐的。心没有打开，身体也就不会打开，双方自然就没办法好好享受了。

同时，心理因素影响着生理感受，特别是在性爱过程中，如果有一方的心没有打开，双方都很容易受到伤害。如果双方都无法融入性，就会有一个很不好的体验，长此以往还会对感情造成伤害。心理上的打开，总的来说就是指不要把不安、恐惧、自卑带进性里。

心无法打开的原因有很多种：也许是因为过去一些不好的回忆；也许是因为自卑，觉得自己身体不够美；又或许是还处于对性既好奇又恐惧的初级阶段，想碰又不敢碰。

心理上的打开也包括思维上的打开，就是在亲密关系中，有什么事情都是可以一起去沟通和面对的，包括性爱，都是可以大大方方地谈论的。

如果你在亲密关系中，很希望跟对方有进一步的身体亲密接触，但是有些东西妨碍你踏出那一步，即便是有一点点恐惧，你也可以试着坦白地跟对方沟通。也许我们没有接受过正规的性教育，但是我们可以通过沟通去了解彼此，了解那个跟你一起走进亲密关系的人。

因为一场美好的性爱，不仅仅是一个人的事，不是你揣着不安、恐惧、自卑等就能假装投入的。毕竟爱是装不出来的。

一场完美的性爱，很大程度上取决于你怎样看待性，怎样看待你们的关系。一场美妙的性可以为爱加分，一场相互了解的爱可以为性增添温馨。

除了心理上的打开，还有一个打开指的是身体。对亲密关系中的双方来说，身体上的打开，除了是一种姿势，还意味着一种接纳，意思就是女生在传达一个信息——"我准备好了"，准备好接纳对方成为自己的一部分，准备好两个人融为一体。

古人有云，鱼水之欢，鱼和水就是毫无缝隙地贴在一起，比喻男女亲密和谐的情感和性生活。

不管是激烈的还是深情款款的性爱，都是双方互相配合的结果。

两个人在一起有时候就像性爱一样,我们可能必须要融为一体,必须了解彼此的需要,这才叫亲密关系。

语言上说不出爱没关系,我可以用身体语言去表达"我爱你"。暂时踏不出那一步,没有性也没有关系,我可以用语言跟你沟通我的顾虑、我的恐惧。用语言告诉你,其实我很爱你,但是你可能需要等等,等我打开我的心,打开我的身体,去接纳你。

当然,我不是鼓励过早发生性行为。但是如果你已经到了一定的年龄(身心成熟),你是有选择的权利的。成熟是我们能对自己负责。我们能对自己的行为和选择负责,当然也能对自己的身体负责。

对此,美国演员詹妮弗·劳伦斯就直白地说过:"这是我的身体,应该由我做主。"

爱不应该成为你情感勒索的工具

爱情必须绝对真实、完全自愿，
容不下半点虚假，不能有一丝强迫。

我有一个朋友，他最近在追一个女生。他告诉我，他特别喜欢这个女生，所以特别希望能"追到"她。

我能感觉到他是真的喜欢。他会拿着女生的回复到处询问身边朋友的意见，俨然一副失去自我、恋爱中的小男生的状态。我们这些旁人都能感受到他对这段感情的投入。

而那个被追的女生跟我们说，她一开始也不是没有感觉，也能感觉到男生的投入。但她就是感到不舒服，那种不舒服的感觉让她直接喊停，甚至到了说"以后再也不要联系了"的程度。

那个男生也表示很委屈，自己并没有做错什么。

可是最后那个女生还是爆发了，她对那个男生说："我有时候真的不知道该怎么办。感觉自己像是被勒着脖子。你说什么'我对你好，你不要辜负我啊'，我真的想骂死你！"

他们分别给我展示过同一个对话页面。除了没话题尬聊，还有一点让我觉得，女生的爆发其实是在情理之中的。

在男生被拒绝后，他说："我都对你这么好了，你能不能对我好一点？"他说："我这么坦诚，你是不是该有一丝丝……"他说："我对你这么好，你别辜负我啊。"

这个时候，我特别能理解女生的心情，这样的做法与其说是"追"，不如说是"勒索"。被勒索的女生一直感到有压力，于是一直在逃。

而且从这些对话中，我们就能理解他们之间的关系了。

简单来说，就是一个在追，一个在逃。

追和逃的人都很辛苦，也都很累。

当然，我能理解男生这么用心的时候会更在意这段关系的结果。特别是那种"想要一点回应"和"付出了就想得到回报"的心情。每个人做事情都想被对方看见，如果能被看见，至少会更有方向也更有动力。

所以他会小心翼翼地去做很多事情，在很多人看来，他在追求那个女生的时候姿态放得很低。

这就像我们很多人觉得自己是一心一意为对方好，反过来却被对方责怪。这很让人心灰意冷，也让人感觉很委屈。

但是关系中的另一方可不这么觉得的。

所谓的低姿态，其实往往隐含着一种期待，期待对方能按照你想要的方式做出回应。当这种期待过高的时候，就变成了一种要求，那就是"我付出了，你就要给我回报"。

是的，我们都希望付出就有回报。但有时候，这种对付出和回报之间的斤斤计较，在某种程度上来说，已经算是情感勒索了。

情感勒索是美国心理学家苏珊·福沃德提出的，她认为，勒索者通过利用他人的恐惧感、义务感与罪恶感，来控制对方按照勒索者的意愿行事。

而且，情感勒索常常会发生在亲密关系中。

像我那个男性朋友，看起来只是要求"回报"，无意中他就是在进行情感勒索。

女生表达过内疚，而那个男生也抓着这一点"示弱"。

他一次次在坦白自己的感情，恨不得把心掏出来给对方看，在剖析表达自己感情的同时，也在"低声下气"地、有意无意地提出自己的要求，他说："我知道自己很任性，就让我任性一次好吗？"

但是，接下来，一次又一次。

这么一副弱弱的样子，让对方没有办法责怪他，但是这种感觉让人很不舒服。有人觉得他姿态都这么低了，已经这么弱了，还能怎么办？只能憋着，憋着自己的不舒服，用一两个字的回复来搪塞他。

其实这么弱的姿态，暗地里就是在说："不要怪我，不要生气。"这就好像有些人永远都是把难听的话说出来，然后说一句："我说话直，不要怪我。"听的人是很憋屈的，憋屈到一定程度，就会爆发出来。就好像那个女生，她已经忍不住想要骂人了。

这时候，所谓的"低姿态"就变成了一种"高姿态"了，一种道德上的"高姿态"，意思就是"我姿态已经这么低了，我这么喜欢你了，你为我做点什么，不可以吗？"

于是，在这关系里，就是一个在追，一个在逃。实际上，一个在勒索，一个在被勒索。

然后，那个男生还会觉得特别委屈、痛苦，最后只能心灰意冷。

当然，这种对情感的索取是无意识的。他是在求爱，所以对"付出和回报"抱有很高的期待。当期待落空,他会感觉很委屈。因为在他看来,他已经付出太多了,却没人看见。他的痛苦,除了因为付出得不到回报,还因为他觉察到他们之间的关系已经到了很难在一起的地步。

这就是无意识的力量,也是情感勒索对关系的破坏。

很多人都希望"付出能得到回报",不同的是,这种对感情的需求到了一个地步,对另一方来说就是一种勒索。

因为在这个过程中,我们并不是在求爱,而是在勒索,希望别人能给予我们想要的感情。

这种对爱的勒索,最开始是在父母跟孩子之间发生的。

"我为你做了……你呢?"

"枉我对你这么好……"

"我也知道这样不好,可是我都做了那么多了。"

是不是很熟悉?

同样的语气,同样的句子,也是父母跟孩子之间最常见的表达。

孩子也会把这种以爱的名义,实际上是控制和情感勒索当作理所当然,同样地,他们也会把它全部照搬到自己的人际关系中。

就像我的那个男性朋友，他从小到大跟父母的关系一直不咸不淡。他是独生子，但是他父母的关注点却永远不在他身上，都是各忙各的。很小的时候，他希望父母能陪陪他，能把目光放在他身上，可是父母都没有。父母给他的陪伴都是人在心不在，目光永远放在事业上。父母的感情疏离而且淡漠，更别提对他了。他想要的爱的回应从来没得到过。只有在他把家里打扫得干干净净，把自己照顾得妥妥帖帖时，父母才对他有一点点的回应。

这种关系就这样印在他的潜意识里，他总是觉得在关系中，付出总是会有回报的。

但是恰恰在这样的情况下，他对别人的付出就成了一种情感勒索，即使对方一开始是有好感，愿意回应的，到最后也会被这样的索求勒得喘不过气来。

当然，这不仅仅只局限于父母孩子之间，也许在另一段对你很重要的关系中，也出现过这样的情景。付出就特别想要回报，就隐隐变成了一种要求和情感勒索。

有时候，我们的付出，只是在对一个理想中的人付出，在索求一种理想中的爱。所以无意识中，我们放出了一个信号："我做了那么多，你也要为我做点什么。"

这种要求往往是无意识的，也是痛苦的。因为一旦把感情都托付在另一个人身上，寄希望于对方能回报以同样的对待。然而，这是不可能的。这种关系只能建立在双方都对这段关系抱有同样认识的基础上。否则，这对一段关系来说，是一种破坏。

因为当付出和回报变成天平上的两端，那关系一定是失衡的。

每个人的付出，都会有回报。只是回报的可能并不是你想要的，你所期待的。

这种落差可能会让你迫切想要抓住点什么，于是你开始示弱，甚至以"付出"多少来"威胁"，以求对方能以你想要的方式回应你。

这个时候，对方往往是没办法回应你的。因为连你自己都没办法了解你自己，你甚至不知道自己想要的回报到底是什么，到底有多少。

如果你对"付出"和"回报"有一种近乎执着的斤斤计较，先停一停，看看自己到底需要些什么。所以在陷入这种模式的时候，你需要觉察一下：在你付出时，你希望得到什么？如果对方没有按照你所期待的方式回应你，你的感受是什么？如果对方按照你所期望的方式回应你，你会不会因此而满足？如果不会，那你真正希望得到什么呢？

成年人要学会对自己负责。

不管付出多少,都是我们自己的事情,对方是有权利拒绝的,不能强行要求对方的回应,这就是界限。而且,不仅付出是我们自己的事情,想要回报也是我们自己的希望,如果把这些强加在别人身上,要求别人有所回应,就是界限不清。

付出,自然没有对错。

付出和回报,在关系中,也从来都不可能是同等重量的砝码。

当把它们放在同一个天平中,就是一方在勒索,一方在被勒索。

勒索的人是在挥霍爱,被勒索的人是被束缚,如果被勒索的人刚好又是个不懂得拒绝的人,那双方都会非常痛苦。

一段和谐关系的基础,就是"我尊重你的界限"。

假如我们遇上情感勒索,我们更应该清楚地建立起自己的界限。

建立自己的界限,首先意味着要觉察自己内心真正的感受,当你感觉到对方用一些听起来很有理的言辞在向你索要回报,而你感觉到特别不舒服,甚至很生气的时候,要尊重自己这时候的感受,及时跟对方表达,及时设限。如果你因为顾虑到感情而迟迟未做些什么以照顾自己的感受，总有一天你自己也会因此而受到伤害。

其次，真诚沟通，态度要温和坚定。清楚自己内心的感受，温和地告诉对方你的界限。态度要坚定，要让对方知道你希望被怎样对待，不想被怎样对待。表明立场，同时表达感受。

在建立自己界限的过程中，你可能会有一些内疚，对自己有一些责备。没关系，只要你知道自己想要的是什么，看清自己的挣扎，觉察到内心感受，你就会有面对更多选择的能力。顺从还是拒绝，你都可以做出选择。

建立界限并不是拉开关系的距离，而是要给予关系中的双方更多的空间。

情感勒索是在消耗一段关系。
这种方式只会让彼此越来越累。

给分手一个告别仪式

爱你时，你什么都好；
不爱你时，你什么也不是。

分手的痛

　　失恋是人生的一道坎，因为要斩断多年的感情绝非易事，你可能需要很长的时间去疗伤。

　　电影《后来的我们》就讲述了一段刻骨铭心的爱情故事，影片中的情节曾一度勾起了很多人对前任的回忆，令很多人怀念起自己当年那段刻骨铭心的爱情。

　　我曾亲眼见证我朋友的一段分手历程。

　　她和她男朋友交往了三年，之后由于种种原因两人一直异地。慢慢地，不知从什么时候开始，男生莫名其妙地开始不接电话、不回信息，对她也越来越冷淡。在这个过程中，她做了很多努力，但都没有丝毫回应。最后她忍不住飞去找他，想弄清楚他究竟怎么了，是不是另有"新欢"才这样对她。然而，男生一再强调自己没有出轨，也没什么别的原因，就是不想谈恋爱了。她不明就里，依然死缠烂打。经过几个月的纠缠，她也累了，最后选择分手，男生也只回了个"嗯"。

就这样，三年的感情在三两句话中结束了。

分手之后，她非常痛苦，哭了一次又一次，开始失眠。那段时间，我眼见着她一点点憔悴下去，整个人也没什么精神。

曾经那么活泼开朗的女孩，分手后变得不爱与人交际，不爱和人交谈，沉浸在分手的痛苦里。

分手就是一场感情的死亡。死亡意味着什么？分离。分离必然会带来痛苦和悲伤。某种程度上来说，分手意味着生离，生生地别离，那是一种剜心的痛。

痛苦是在"放下"一段感情的过程中需要处理却还没处理好的情绪。还会痛，是因为还未放下，当然也很难轻易放下。

微博话题排行榜曾经有一个话题——哪个瞬间，或者哪一句话，让你突然对一个人死心？

网友扎心评论："两分钟一万评论，你们真的死心了吗？"
"三分钟，两万评论，六万人的不欢而散。"

可见，放下有多难。

分手的后遗症——自恋受损

伴随痛苦而来的，还有自我否定。

重归平静后，她时常会问我："是不是我不够好，他才选择离开我？"

她想从我这里得到答案，我没有答案，即使我一再告诉她，她很可爱很值得被爱，她也不会相信。

也曾有人表达过对她的喜欢，对方表示愿意等她，她还是不敢接受这份喜欢。因为她觉得分手的原因是她还不够好。因为她的任性，对方才毫无留恋放弃她，放弃这段感情。同时她也不相信自己值得被爱，她觉得谁跟自己谈恋爱都是件痛苦的事情，她害怕会连累别人。

一段感情从开始到消亡，最要命的不是伤和痛，因为伤痛总会有愈合的一天；最要命的是分手所带来的这种痛苦延伸到觉得自己不够好。

这就是分手带来的后遗症——心理学上称为"自恋受损"。

这里的自恋跟我们平时所认为的自恋不一样。

美国心理学家科胡特提出，自恋是人的本质，自恋是一种借着成功的经验而产生的真正的自我价值感，是一种认为自己值得珍惜、保护的真实感觉。适当的自恋有助于保护一个人的自尊。

自恋的象征性形象是水仙花,这里还有个众所周知的故事:美少年纳西索斯在水中看到了自己的倒影,爱上了自己。纳西索斯每天沉迷于自己的水中倒影,茶饭不思,最终溺水而死,变成了一朵水仙花。

自恋的核心是存在感,就是我们有没有在别人眼中找到自己的存在,特别是亲密的人。当分手成了"失败的经验"时,我们的自恋(认为自己值得珍惜、保护的真实感觉)相应会受损,从而认为自己不值得被爱。

我的朋友在恋情的最后就是感觉不到自己在对方眼中的存在感。她所做的事情,无论是歇斯底里,还是低声下气,都激不起对方的一点反应。这时候的绝望感和无助感会非常强烈,多次努力无果后,只得提出分手。

分手带给她的除了痛苦,还有自我怀疑。更重要的是让她的自恋受损,就是她觉得自己不值得被珍惜、不值得被爱护。这种感觉让她一直没办法走出那段感情的阴影。这种受伤的感觉让她一直沉浸在过去。

给分手一个告别式

我见过有人自以为很酷，只说了"分手"二字就直接把对方所有的联系方式删除拉黑，什么解释都没有，只留对方一脸茫然。

也许说分手的人是不能面对一些东西，才选择了这么"酷"的方式，如此草率的分手方式可能无法达到预期的效果，还会给被分手的一方造成更大的伤害——自恋受损，觉得自己不够好。

所以，给一段感情画上完美的句号需要我们好好说分手。

有句话是这样说的："我们害怕的不是告别，是不告而别。"

就像前文说过的那样，分手就像一段感情的死亡，也是人生中要面对的分离之一。死亡尚且需要一个告别仪式，更何况分手呢？

分手同样也需要一个告别仪式。

分手时也许我们自以为深思熟虑，自以为都沟通好了，自以为很坚强，但也许还有一些很深的情绪在当时来不及处理。这些未被处理的情绪会在分手后一直影响着我们。

网上有句话说"把心里的空间腾出来才能装下另一个人"。我觉得应该是，你需要把心里的这个人清出去，腾出空间，装下自己。因为对一些事持有放不下的执念，也会忽略自己。告别仪式不一定需要两个人完成，也不一定是分手当时完成，在你认为你准备好跟过去告别的时候，随时可以进行，即便是一个人，也可以完成。

曾看过这样一个视频，节目组邀请了几对曾经的情侣前来相见，其中有一对让我印象非常深刻。

多年之后再相见，他们看对方的眼神里还保有一丝感情，但是彼此都知道回不去了。时过境迁，男生坦言当初在一起时出轨了，现在很后悔。那个后悔痛苦还夹杂着无奈的神情让人感慨不已。最后拥抱时，即使后悔和痛苦，男生的脸上还是出现了一丝笑容。从他的笑容里我们感觉到他开始接受一些事实，至少他比刚开始时放松了很多。

这样一个契机，也让他们有机会面对面好好谈一谈，完成对彼此最后的告别。

告别仪式的意义就于，跟他和过去告别，把那些东西和一些悲伤的情绪打个包，在心里找个地方放好。

分手的告别仪式就是告别一些未被觉察的情绪。每个人的感情经历不一样，想要的告别方式也不一样，你可以想想有什么事情是你想和他一起完成而没有完成的，或者只是把他的东西清理掉，又或者你需要跟他谈一谈。

第一章——为什么对方能轻易左右你的情绪和感受？

处理分手的后遗症也可以采用正念的方法。

我也曾有过失恋痛苦的时期，被不甘心和负面情绪所左右，有时还会失眠。我记得在某个晚上，我眼睁睁地望着天花板，怎么也睡不着。脑海里面一直想的都是跟他的往事，加上又是夜深人静时分，很容易被勾起一些情绪，一会儿怨恨他为什么要这样对我，一会儿又责怪自己为什么还会想起他。一时间，那些复杂莫名的情绪全部涌上心头，百感交集。后来我干脆破罐子破摔，躺在床上，任由自己思绪纷飞。我那时候想着"想就想吧，没有人规定我不能想他，不能失眠"，同时我答应自己，这是最后一次这样折磨自己了。那个晚上我真的失眠了一宿，体会了很多很多情绪。我当时是有点自暴自弃的状态。后来我才知道，原来这是正念心理学的一种方法。

正念其实就是指不带任何评判地去感受自己的所有感受和念头，允许自己有情绪，允许自己有爱恨情仇，静下心来仔细体会和感受自己的情绪。

那个晚上以后，我彻底想通了。我不再对自己有任何评判，不再评判自己因为想起他而感受到的任何情绪。

允许自己想他，允许自己悲伤难过，甚至允许自己恨他。

当我这样做了之后，我想他的时间越来越少，也渐渐能面对分手这件事了。我也越来越清楚，不是我不够好，而是一段感情里面，不仅仅只有当初的"喜欢"，更多的还有日后的相处以及其他因素。不再因为一个人的离开或者一段感情的消逝，怀疑自己不值得被爱。

也许你可以试试，大大方方地去想他，去恨他，去承认分手后这个痛苦时期的所有情绪。你会发现，自己会逐渐接受分手的事实。

这个时期更需要给点耐心给自己。不是你不够好，只是这个阶段必经的过程而已。那些评判自己的念头，你可以有意识地去觉察。你可以问问自己："我真的这么不好吗？""这是事实吗？"……

然后，你会发现，当你有意识地去觉察时，这些"不够好"的念头对你来说，已经构不成伤害了。

同时，当你觉得自己不够好的时候，尽管放心去找朋友絮叨絮叨，这个时候，你需要朋友的陪伴。不用担心自己是不是招人烦，可以直接表达自己的需求。如果你担心，可以直接询问对方。

最后，当你从这段关系中走出来之后，（在理智冷静期）可以试着从两个人的关系角度去看这段感情。感情和关系是两个人的事情，从来没有一段感情的破裂只是一个人起作用，一定是相互的。有句话是这样说的，"所有的分手都是合谋"。所以分手后，也许我们该关注的不是对方或自己，而是关注在这段感情里，两个人是怎么"合谋"分手的。再思考一下，这段感情给自己带来的是什么。

首先可以问问自己，忘不掉的是他这个人还是这些感觉。然后再试着中立地看看是什么让这段感情中途停车，不必太着眼于自己的不足，也不必太美化对方和这段感情。就像《体面》这首歌里唱的"我爱你不后悔，也尊重故事结尾"。

立场中立也许很难，但至少要对自己公平些。

正如我在这篇文章所说的，在心里找个地方放好关于这段感情中令你刻骨铭心放不下的一些东西。我觉得对待一段逝去的感情，放不放下不是重点，重点是你在这段感情中是否有成长。

分手一定会带来痛苦。给分手一个告别仪式，跟过去做个告别，不再困于其中，从中了解自己，也看清自己在一段亲密关系中的角色和模式。

从分手的疼痛中走出来，学会爱别人前先爱自己，这才是属于自己的成长。

慢慢来，亲爱的，你可以。

第二章

关于社交

——为什么周围的关系总让你感觉不舒服?

在关系中最重要的是让人觉得舒服

关系中的舒服,至少不应该是拧巴的。
你跟一个人相处,至少是自然的,
可以自由做自己的。

在知乎上搜"人在什么时候最舒服",答案五花八门。

有一个答案是这样的:"对我来说,最舒服的状态,是没什么需要隐藏,没什么需要释放,没有任何杂七杂八的念头。不好意思地说,这些年里,我最舒服的状态都是和同样的人在一起。"

我记得以前有个人说过,如果两个人在一起,就要找个可以吵架的,淋漓尽致地吵,不带评判地吵,吵完不伤感情的。
对他们来说,有个安全的人,可以真真正正、完完全全、不加任何掩饰地表达自己的情绪，是一种最舒服的状态。

我想"跟别人相处舒服是种怎样的体验"这个问题，每个人都有自己的答案。
那不舒服呢，不舒服是种怎样的体验，你想过吗？

我的一个朋友跟我说，他跟他的某位朋友相处的时候经常会觉得不舒服。但是，仔细问下去，他又说不清楚问题出在哪里。
我跟他说，不舒服，这就是这段关系中的最大问题。
他问我："那跟别人相处，舒服是种怎样的体验？"

关系中的舒服，至少不应该是拧巴的。你跟一个人相处，至少是自然的，可以自由做自己的。

那些需要你处处小心翼翼的关系，太辛苦了，太难受了，太累了。偏偏有些时候，这种不舒服的感觉，如鲠在喉，不吐不快，但又不能吐，只能烂在肚子里。
而且有些时候，你除了感觉被忽略，还对此无能为力，这样不舒服的感觉是双重的，对自己来说，这只能是一种内耗。
如果一段关系是平等的，是不会这样的。

为什么关系中会出现这种"如鲠在喉"的不舒服体验呢?

一个人能从一段关系中照见自己。同时,也能照见两个人的状态。

人是社会性的动物,不可能一辈子与孤独相处,一定会处于某些关系里。

在一段关系中,我们都可能会有一些不舒服的感觉,但是有些人却刻意忽略自己的感觉,去迎合和讨好别人。

我问那位朋友:"你不舒服,为什么还要在她身边呢?"

他说:"我不知道。可能是我需要吧。"

需要什么?也许是另一个人身上的某些特质,也可能,他需要的就是这种不舒服的感觉。

就比如:

有些孩子在他们很小的时候,父母不允许他们表达,这让他们认为是自己不够重要,觉得即使自己把不舒服的感觉说出来也不会有人在意,所以他们选择把这些不舒服的感觉吞下。

还有一些小时候被父母长期忽略的孩子,这些孩子尝试着把不舒服的感觉表达出来,父母却不接受,反而选择忽略或避而不提,这样孩子会认为是自己为难了父母,为了成全父母的"为难"和"逃避",最后会把自己的感觉也给忽略了。

更有一些孩子，因为表达这种不舒服的感觉，而被父母重重地惩罚。所以，他们会觉得如果说出来自己的不舒服感觉，就会导致很严重的后果。

其实这只是有些父母把自己承受不了的焦虑情绪都转移到了孩子身上。他们不允许孩子说不，觉得孩子说不舒服都跟自己有关系，所以用各种手段强制性不允许孩子表达。

就像我的朋友，他就是其中之一。

这样的孩子都没有被看见，也没有被理解。他们只能把这些不舒服的情绪和感觉默默咽下去，自己独自消化。他们认为，如果把这些不舒服的感觉表达出来，就会遭到严厉的惩罚，甚至是被抛弃、失去爱。

这是以往的经历所导致的对自己感觉的刻意忽略，所以他们就这样一直小心翼翼地藏好自己的感觉，直至成年。甚至有些人成年以后反而需要继续维持这种不舒服的感觉，因为这种感觉能带给他一定的安全感。

不舒服被迫成了"舒服"和"安全"，但本质上，遇到某些事情的时候，我们真实的感觉还是不舒服的，只不过被转换了。

就像有段时间，我右耳外耳道发炎，耳道是肿的，看不见里面的情况了，当时我的右耳几乎听不见了。一开始听不见是非常不舒服的，跟别人聊天的时候，我总觉得听到的声音总是像隔着一面墙的，非常吃力，自己讲话的时候又无法判断音量，我会一直按压耳垂，希望借此刺激耳膜恢复正常。那段时间，这种不舒服的感觉让我整个人变得非常焦躁。但时间一长，我竟然适应了这种感觉。

第一次去医院的时候，医生问我耳朵怎么了。当时我已经没法判断自己的耳朵到底是"正常"还是"不正常"了。我的回答是："我就是感觉耳朵很不舒服，但我不知道现在的情况是什么，我到底是不是真的不舒服，或者说，我是不是真的听不见，我希望可以做一个检查。"

在后来恢复期的很长一段时间里，每当别人问我："你耳朵好点了没？"我都是一脸茫然："我也不知道好点了没。"

我察觉到，那种情况让我非常无力和悲哀，我对自己的情况失去了掌控。因为不舒服久了，我竟然不知道什么是正常的，已经忘了可以听见别人说话是一种什么样的感觉。

每个人一开始对这种"不舒服"都是能察觉到的，只是时间久了，这种不舒服的感觉就变成了一种我们习以为常的安全状态，一种假性的舒服状态。或者说，我们为了回避一些不太好的过往经历而刻意忽略这种不舒服的感觉。

所以说,关系中最重要的就是舒服。换句话说就是,最重要的,还是要看你自己的感觉。

所以,如果一个人让你觉得跟他相处时,你会莫名其妙地感觉不舒服,却又说不上来是为什么,但就是感觉如鲠在喉,非常难受,又因为各种原因无法说出口,那么你就需要重新考虑下你跟他的关系了。

你可以先一步步地自我反省,如果把不舒服的感觉说出来,会怎么样。这是首先要回答的问题。然后你再思考一下,到底是你本能地排斥这个人,还是跟这个人相处不来,或是别的什么原因。

同时,你还需要问问自己:你为什么会把这种不舒服的感觉留给自己消化,原因到底是什么?你在担心什么,还是在害怕什么?

如果当你跟一个人相处,有一种不舒服的感觉,但是他还在你身边。那你就该问一下自己:你跟他在一起到底是为了什么?是为了成全自己的这种不舒服的感觉吗?还是你有即便让你忍受不舒服感也要跟对方在一起的理由呢?

我在微博上看到过一段话:"不喜欢或者不好吃的东西,是可以不必吃完的。你是成年人,你可以自己做决定。"

在关系中亦然。你可以选择让自己活得更舒服。

在一段本应该平等的关系里,如果真的相处不来,那就没必要强求。有些不必要的不舒服感,不应该变成我们自己的内部消耗,因为那是你对自己的攻击。

一段关系中,你可以忽略一些事情,但至少不能忽略自己。

如何让对方觉得我懂你

有人说:"男人需要被懂,女人需要被爱。"
其实每个人都需要被"懂",
只是要懂一个人并不是那么容易。

韩国笑星张东民有段时间因为工作陷入困境,经常独自一人喝酒。有一次喝酒的时候,遇上粉丝求合照,他便委婉地拒绝了粉丝的要求,这个粉丝特别生气,狠狠地对他说:"你以为你是刘在石啊?"冲动之下,他给刘在石打通了电话。

刘在石是韩国主持界情商高的老前辈,被称为韩国的国民 MC(主持人)。所以,即使之前张东民从未联系过他,接到电话的刘在石还是马上答应见面。

张东民回忆的时候说:"我将我心中多年来积压的话一股脑儿地倒了出来,当时,刘在石前辈并未给出什么特别的建议,只是从头到尾从未打断我,静静倾听。"

刘在石作为一位前辈,没有张嘴就来的训诫和教导,没有装理解、装亲切,而只是说:"唉,我没有经历过你的经历,我怎么敢说我懂你呢?"

简单的一句话,就让张东民的心里备感温暖,也自此改变了张东民。

生活中,我们很少能听到"刘在石"式的回答,我们听到更多的是那种自以为是的"懂"。

一个人安慰身处痛苦中的人往往会带一句"我懂",结果反而引起对方更加愤怒又痛苦的回应:"你凭什么说懂我?你什么都不知道!"

一场安慰与被安慰,演变成一场激烈的冲突。他们双方都没有错——一个伤心难过,一个想给予安慰和帮助。为什么他们都没有得到各自预期的效果呢?因为他们忽略了几个重要的方面。

1. 你不懂,因为"你不是我"

我们都知道,人跟人之间即使再怎么亲密,那也是两个人。即使是同卵双胞胎,也很难做到完全"心有灵犀"。更别提家庭背景、性格、人格等各方面都不同的两个人了。

所以,很多时候,你不了解一个人所处的环境,甚至家庭背景、成长经历等,就武断地说"我懂你",未免显得有些肤浅而无力。

说出来恐怕连你自己都心虚，难以相信，别人又如何相信你？

2. 太想帮对方，忘了对方要什么

在倾听别人的时候，我们往往也会被激起个人的一些情绪反应。比如，很想安慰他，很想帮他解决问题，却发现自己语言匮乏，无法安慰和帮助别人，我们常常会有种无力的挫败感，只能简单地说一句"我懂"。

这是因为我们的边界不清，把自己卷入得太深。也许别人要的并不是一句"我懂你"，只是我们特别想给。

我也有过一段很糟糕的"被懂"的体验。

有一次，我跟一位同事发生冲突，找男朋友倾诉。在我说出冲突的事情之后，男朋友没有任何安慰，就直接就开始帮我分析，给我意见。他太想帮我解决这件事，我当时其实只是需要一个人能理解我在这场争吵背后的担心和恐惧。当他拼命帮我分析的时候，我反而觉得更加郁闷了，因为我体会到的是他塞给我的很多东西，让我感觉他是跟对方站在同一阵线的，就是在帮对方说话。那一刻，我自然就进入了防御状态，身体往后一仰，冷冷地看着他。他当时就不知道该说什么了。

那一刻，他产生了极大的挫败感。他很想帮我，但是我的身体语言却告诉他，我抗拒这样的帮助。这让他产生了一种无力感，觉得自己很糟糕。

这是一场"失败"的安慰，需要被懂的我感受到的不是"我懂你"，而男朋友作为爱我的人，因为用错了方法，陷入太深，反而感受到了无力和挫败。

一位男性朋友也跟我说过同样的困惑："我发现自己不能在女朋友不开心、有问题的时候安慰她、帮助她、开解她。"

我能理解这种很想帮助别人的心情。问题是，你给的这种"帮助"可能对方并不需要。

这就好比别人可能只需要一只耳朵，你却伸出一双手。也许你希望被对方需要，渴望能帮助对方。然而，对方并不一定接受你这样的帮助，这种无力感可能会让你质疑自己做得不够好。

也许对方是你很重要的朋友，但无论是谁，只要对方信任你，向你说出自己的悲伤，就能勾起你的某些情结，从而使你想要去帮助他。但是，你往往忽略了，你想给的，并不一定是对方想要的。

对方悲伤难过，你希望帮助和安慰对方，但又会因为帮助不到对方而悲伤难过。

我想，在对方悲伤的时候，我们可能并不需要说些什么，只是简单地聆听、陪伴就好了。

3. 如果你对对方的感受都未曾深深体会，就说"懂"是最无力的安慰

为什么这样说？因为我们总是习惯用理性思考，而经常忽略了对对方真实情绪的感受。也许我们也曾有过悲伤、难过、痛苦，但我们都习惯性地选择了忽略。

当对方说出自己的悲伤、难过、痛苦时，我们已记不起这种感受的滋味，所以，我们说出的那句"我懂你"是干巴巴的，对方体会到的感觉也一定是干巴巴的。

那我们该怎样做才能真正懂一个人呢？

1. 对别人感兴趣

倾听时带上你的好奇心，去了解对方身上到底发生了什么。

在他倾诉的时候，不懂他的情绪没有关系。最重要的是，不要装懂。因为你装懂去回应的时候，对方是会有感觉的，甚至会因此对你产生恼怒情绪。我们可以问问他发生了什么，这样他会感觉到你在回应他。即使你不懂，他也能知道，你是在靠近他、关注他。一个人在倾诉的时候，并不是希望对方真的能完全懂得他的情绪。有时候，他就是想要一个回应，

哪怕只是简单的一个问题:"你愿意和我再多说点吗?"或认真看着他,回一句:"嗯?然后呢?"

我们要真正地对对方感兴趣。如果我们不感兴趣,那么回应就是敷衍的。对别人感兴趣的前提是,你要对自己感兴趣。当你能够感受并理解自己时,你才能更好地理解别人,在你倾听的时候,你才能体会到别人的感受。对方也能因此感受到你是真的理解他、懂他。

2. 做你自己,态度要真诚

真诚地倾听,真诚地反馈。这里的反馈不带评判和否定。你可以表达你的感受,但一定不要带有评判和否定。

我印象最深刻的是一位医生。那次我肠胃出了点问题,自己上网查,发现自己那些不舒服的症状跟肠癌、胃癌很吻合,看了一下建议,说要做肠镜和胃镜检查,我也一并了解了肠镜和胃镜的过程。除了对癌症的恐惧,我最怕的其实是这些检查。

然后我到了医院,忐忑地跟医生说:"是不是要做肠镜和胃镜,看网上说的,好吓人!"

医生看着我,说了一句:"是啊,吓到你了。"

那一刻,我感觉自己是被理解的,那种被懂得的感觉,让我恐惧的感受被释放了。当时我的恐惧并没有直接表达,只是说了一句"好吓人",人只是一个泛称,其实我想说的是:"我被吓到了!"医生一下子就明白我的恐惧,他用温和慈悲的语气说出的那句"是啊,吓到你了",让我的恐惧一下子被看见了。那一下子感觉很舒服很通透,好像再去做肠镜也没那么害怕了。

他没有说"不要怕",又或是"这有什么好害怕的",他的话里没有任何对我的评判和否定,很真诚,同时也尊重了我的感受。

我想,任何人都不希望在自己有糟糕情绪的时候,再听到任何的评判和否定吧。

就像刘在石,作为前辈,他仍然很真诚地告诉对方"我没有经历过你的经历";就像医生,他的语气很真诚地肯定了我的恐惧。

这些都能让人体会到被尊重。

当然,懂一个人不只是靠言语,有时候你的眼神、表情,还有肢体语言都可以传达这样的信息。

不知道你们有没有这样的体会,有时候你在那里倾诉,有个朋友在你旁边歪着头,侧着耳朵,眼睛看着你,即使他不说什么,他的肢体语言和眼神都在告诉你:"我在听,即使没有经历过你经历的事情,但我在听,我在尝试理解你。"

那是一种完全不一样的感觉。

你会愿意说更多,会愿意跟这个人亲近。你们的关系也会获得一种深层的联结。

3. 理清边界

像前文提到的,边界不清会使你在理解对方的时候给自己带来一些糟糕的感受。

你可以尝试去理解体会一个人,但一定要知道,那个时候,他是他,你是你。不需要安慰得太用力,也不需要过度沉浸在对方的感受里。我们非常想去帮助和安慰别人,但我们太过用力安慰,往往会反过来伤害自己。

在心理咨询中,面对一位有过创伤,并已经被疗愈的咨询师是最好的。因为,他曾经在创伤中有过最真实的体验,深切地知道这是一种怎样的感受,当然也能够更好地理解来访者。只有他真的走过了那条痛苦的道路,才能更好地陪伴来访者一起前行。所以,我们现在都提倡咨询师要有自己的体验。

所以,理解别人的前提,是理解自己。当你能理解自己,懂得自己的时候,自然而然地,你也就能理解别人。

有时候,你完全不懂也不要紧,只要是你真的关心他,一个小小的举动就能让对方感知到:即使你不懂,你仍在努力去懂他、理解他。最简单的方法就是"陪伴"。

当你人在、心在的时候,即便你什么也不说、什么也不做,对方依然感觉到你的关心稳稳地就在那里。做你自己,真诚投入,就足以让人安心。

你在关系里小心翼翼的样子让人很心疼

人只看得到自己想看的，
只听得见自己想听的，
只相信自己本来就相信的。

有一个来访者跟我说，她的情绪最近到了临界点，很想爆发。她为了在外工作方便，跟以前的朋友合租了一套房子。我问她："是发生了什么事吗？"她说发生了一件让她很愤怒的事，她发现她的室友直接把她的私人物品当作共有物品，还经常不问她，就直接拿走她的东西。这让她心里非常不舒服，总觉得好像自己的领地被占领了一样。但她还是一直憋着这种不舒服的感觉过了半年。这半年，她想了很多很多，而且很愤怒，每次看到室友拿她的东西就愤怒得恨不得去骂她，但是她又觉得这只是件小事，是自己小题大做了，也没有办法表达，所以她只能怪自己。

她就在这种拉扯中过了大半年，这大半年，她每天都很晚回家，就是为了错开跟室友见面的时间。她觉得自己被攻击了。她觉得很纠结的是，跟室友为数不多的相处时间里，无论她用什么方式表达不满，室友都毫无察觉，仍然对她很好，甚至告诉她，她这么忙，有什么需要帮忙的记得告诉她。对此，她既有愤怒也有羞愧。

我们为了这件困扰的事情讨论了好几次，我鼓励她直接沟通。

终于等到她准备好跟室友沟通的时候，她才发现原来室友根本记不得这件事，室友很惊讶，原来这么一件自己没放心上的事折磨了对方这么久，而且才知道这半年来她跟自己疏远的原因。因此，室友为自己当时的疏忽表示很抱歉。

就是这么一件小事，在这段半年时间里，她已经想了无数委婉的方法含蓄地表达自己的愤怒和纠结，室友却一直没能理解，她就更愤怒了。原来，这半年她一直活在自己想象的世界里，丝毫没有主动去跟室友真实沟通。很多事情都是她自己在想象中完成的，从而疏远了她的室友。

你有没有想过，这种固执的相信，其实是因为你活在自己想象的世界里？

人性就是如此，你永远叫不醒一个装睡的人。人们只看见自己想看的，只听见自己想听的，只相信自己想相信的。

我经常会收到一些中学生的留言，他们问我一些人际交往方面的问题，比如："我很想跟某同学交朋友，但是她嫌弃我，也不理我，我该怎么办？"最典型的就是："我有藏在心里的秘密，但我不想跟家人、朋友、同学说，我能跟你说说吗？"……类似这样的留言很多。

每次看到这些留言，我都会因为被信任而开心感动，也会无奈，更多的是心疼。无奈的是，我很想坐下来听他们好好说说，但时间地点以及方式不是最合适的；心疼的是，这些未成年的孩子，他们宁愿留言给一个素未谋面的陌生人，也不愿意跟身边亲近的人诉说心里话，给我的感觉就是他们的世界没有一个值得信任的人，在屏幕另一端的陌生人反倒比朝夕相处的身边人更安全。

我不知道在他们身上具体发生了什么，但是我知道，也许关系并没有他们所想的那么糟糕。

也许是因为身边人给了他们很多的"打击"，但是，这种打击真的是打击吗？抑或只是他们自以为的打击？这些都不得而知。事实是，在这些"打击"下，他们躲进了电脑，回避现实中更多的关系。

这是令人叹息的现象。

当然，每个人都活在自己的世界里，这是无可厚非的。我想说的是，也许从自己的世界里走出来看看，去理解别人眼中的"我和你"，从不同的角度去看事情，也许关系就不一样了。

你怎么理解别人和关系？也许你因为某些事而讨厌一个人，从而影响关系，但这可能都是你在自己的认知里，也就是我们说的"你在想象的世界里完成了一切"，包括对方说的一句话、一件事，你不舒服了，就觉得对方对你有敌意。你的心理活动已经完成了这个过程，所以你对他的态度自然也会有所改变，影响关系。

就好像，同一句话，用不同的语气，不同的表达方式，由不同的人说出来自然会不一样，每个人对不同的表达方式的理解都不同。

就比如，现在"90"后很多人都知道，微信的微笑表情是表示讽刺，很让人不舒服的表情，但是稍微年长的人则认为，这个微笑就是微笑。现在不就有"中老年人专用表情包"吗？这在我们看来，一些怀旧的带有搞笑色彩的表情包，长辈们却用得很顺手。这就是同一件事每个人的认知不一样。即使我们知道他们发这些表情不带恶意，心里还是会不舒服，只好不停说服自己"不是一个年代的，不是一个年代的"。

我有个来访者，有一次她在工作中犯了一个小错误，她就特别害怕，脑子里上演了无数情节，包括这个小错误会衍生出什么大问题，老板会怎么惩罚她，甚至老板会不会开除她呀？结果，到了第二天，她很忐忑地去跟老板认错，老板一笑了之，反而安慰她，"没事，没有什么大问题"。

其实不止在工作中，平时在生活中，与人交往时，她也是这样子，如果跟别人相处中有什么摩擦，她会立马想到，之后他们的关系会怎么样，别人会怎么怪她，别人会怎么在背后说她，所以她总是活得特别小心、特别累。

当我们讨论了很多次之后，她明显有力量多了，愿意去跟别人直接沟通，结果发现很多她觉得别人会怪她的事情，别人都想不起来了。

只是在关系里，她太小心翼翼了，为自己脑补了很多剧情，其实别人根本不在意。何必这么跟自己过不去呢？

我就遇到过一个非常尴尬的场面，有位朋友跟我诉苦，事后表示对我很信任，以后也许会继续跟我诉苦。听到这种信任，我下意识觉得很开心，我在朋友中也算是个爽朗的人，所以我发了一连串"哈哈哈哈"表示没关系,能诉苦就挺好的。这时候我朋友就问我,这个"哈哈哈哈"是不是在嘲笑她。我当时一下子就被问蒙了。怎么我的"哈哈哈哈"就被理解为嘲笑呢?当时我是有一些慌乱的,第一反应是想自己是不是哪里表达得不好,然后我前前后后翻了聊天记录,我就跟她解释了我"哈哈哈哈"的原意。她才说,她以前有因为诉苦而被取笑的经历,我回的"哈哈哈哈"也激发了她那个时候的体验,所以她一下子就觉得自己不应该这样,好在她直接问我了,我们进行了沟通,发现这只是个误会。

这种误会在关系中或多或少都是存在的。

这些误会是不必要的,除非你懒得去澄清,那么,你对这段关系的态度是倾向于放弃的,任由它自生自灭的。关系是需要经营的,这些不必要的"误会"只要像我朋友那样沟通,直接问就可以澄清的。

如果仅凭自己的想象和理解去揣摩一段关系,这段关系也许并不如你想象的那么真实,而且受限于很多影响,这样很容易会陷入对关系的认识误区。在人家看来是善意的招呼,也许你另有理解,这都取决于你当下的情绪,还有你跟这个人的关系和你的认知。

因为有时候,我们听到对方说的话,看到对方做的事,感受和理解到的都是基于过去的经验，但是，站在你面前的人才是你的当下，才是现实。所以当别人说的话做的事让你不舒服时，你需要的是直接沟通。这也是心理学上所说的，你需要做进一步的现实检验。

当然，如果你坚信自己对别人的理解或者你认为对方不重要，不是你在乎的人，这一步可以忽略。

前文说过，你永远叫不醒一个装睡的人，有些人就是不愿意睁眼看，也不愿意开口问，所以永远活在自己理解的世界里，一次次地用自己想象中的"别人"来达到打击自己的目的。除非那个装睡的人自己愿意醒来，睁大眼睛看看外面的世界。这对他来说，也是一次现实检验。

沟通就是对现实的检验。

就像我的朋友，如果不直接沟通，可能我发的"哈哈哈哈"已经勾起了她那些非常糟糕的体验，她本来就已经很脆弱，如果她没跟我沟通，没跟我做这样的现实检验，她更会沉浸在"又一次被嘲笑"的体验中，使原本糟糕的体验雪上加霜，也会被想象中的我——她的朋友打击得更加脆弱。但是当她跟我沟通之后，她就有了新的体验，原来"哈哈哈哈"不只代表过去所体验到的嘲笑，还有鼓励和包容，她会更有力量，更愿意敞开自己，我们的关系也会更进一步。

当然，沟通的过程也会产生各式各样的问题。

最典型的是有个朋友问的问题："我有时候无意中做一些事情好像让对方不爽了，我希望沟通，但是对方拒绝，很难。"

这里我所理解的"很难"是指坚持去沟通，对方拒绝，自己碰壁多次，这样的沟通很难，况且这样的坚持也会让自己受伤。

这种情况的确是有的。

如果你多次碰壁还是愿意去沟通，就只有三种情况。

一种是他是对你很重要的人，不愿让关系就这样疏远，你愿意为此去沟通。

另一种是你受不了被"误会"的感觉，不管对方重不重要，你都不希望被对方误会。如果被误会，你在这段关系中就成了"坏人"。那让我们再进行一次现实检验，被对方误会了，你就真的不是好人了吗？首先，两个人沟通不一定是同频的，其次，沟通本来就会产生千百种情况。如果你真的受不了沟通时"被误会"，可能需要你再次进行现实检验，或者觉察一下到底是怎么了，为什么会这样。

第三种情况是，你喜欢碰壁的感觉，假设不是前两种情况，而你又愿意一直沟通一直"付出"，也许这种碰壁给你带来的是安全感和舒适感，那也很值得去觉察一下。

不管怎么样，只要是真诚地前去沟通，对方一定会感受到的。这里的真诚指的是，你真心诚意地表达出自己愿意真心地沟通和理解别人，而不是活在自己的认知里，在自己的世界里完成对别人和对关系的理解。当然，这种真诚沟通一定是要在你愿意并且能够在心理上照顾好自己的基础上进行的。

活在自己想象的世界里，可能是一件非常危险的事情。再说了，单凭你的认知去理解别人，直接就把人判刑，把关系打入地牢，别人得多冤哪！误会和被误会，误解和被误解，这是关系中双方的事情。有时候你认为自己被误解了，对方何尝不是正在被你误解呢？

"关系就是你不问，我不说，就越走越远了。"这话听来可能有些矫情，其实是有道理的，所谓"说者无意，听者有心"，如果你有了心，但你不问，不去进行现实检验，关系真的可能就止步于此了。关系从来都不是简单的事情。每个人或多或少都活在自己的世界里。

但你依然可以在活在自己世界里和维持关系这两者之间取得平衡。

愿你活得更自由。

小提示:

1. 理解自己,理解自己为什么会对一句话或者一件事有这样的消极感受。

2. 提醒自己,有些事情需要我们进行现实检验,才能让我们了解最真实的情况。

3. 直接找到对方,真诚沟通。"你愿意和我聊聊吗?刚才我从……感受到……"如实表达你的感受。这样的沟通,如果是面对面就更好了。

4. 你可能需要一点勇气。

做一个真真实实有脾气的人

有时候,吵架就是一个契机。
一个让双方梳理事情或澄清误会的契机,
也是一个完整表达自己想法和感受的契机。

"那我错了,我错了,你都对行了吧?!"

这句话耳熟吗?吵架的时候最讨厌听到这句话了,相信很多人都深有同感。

这句话就是最劣质的灭火器,让准备喷火的人进退两难。继续吵吧,人家已经认错了,再吵显得自己无理取闹;不吵吧,心里堵着一口气,怎么着都不舒服。这句话让那想要喷出来的火丝毫没灭,反而越来越旺。

对此,我深有体会。

我跟一个男性朋友有过一段让我印象比较深刻的争吵。

当时是因为一件无关紧要的小事，各有各的立场，对方坚持希望我如何做，我也坚持自己的立场。双方各持己见，已经到了有点白热化的阶段。他当时就说："那我错了，我错了，你都对行了吧?！"听到这句话，我一下子就怒了，想都没想，直接就把电话给挂了。

吵架中并不都是对错的问题，我也不是一个特别容易生气的人。但是当我听到那句"我错了，我错了，你都对行了吧"，我最大的感受是，我觉得被轻视了。我一直从自己的感受出发，在倾听对方的时候也在坚持自己的立场。但就是这么一句看似"认错"的话，给我的感觉就是，我没有被当作一个平等的人看待，我在对方眼里只是一个无理取闹的小孩。这让我感觉自己没有得到一丝尊重，所以我当时很愤怒，因为我的声音并没有被听到，对方只想用一句"我错了"来堵住我的嘴。

我很清楚我的朋友只是害怕吵架。所以无论跟谁有冲突，他都寄希望于这一句"我错了"来浇灭"战火"，但往往事与愿违，怒火只会一直噌噌噌往上涨。

在我看来，一场吵架不是一时爆发，而是关系中"蓄谋已久"的。当然，这里的吵架不包括动手，是指两个人相处过程中必有的摩擦，无论什么关系。

有时候，两个人宁愿大吵一架也不愿意就这样戛然而止偃旗息鼓。"热吵总比冷战好",这句话是有道理的。

但有些人遇到吵架和冲突就想逃。

关系的"死"有时候就是这种逃避造成的。吵架就相当于已经到了嘴边要说出来的话,因为对方逃避而被堵住,你会更加生气。逃避,有时候可能不是避开冲突,而是加剧冲突。

一个人生气,另一个人逃。生气的人会感到只有自己在面对冲突,另一个人不在乎。

其实不是的,他可能也很在乎这段关系,只是碰上了冲突,他就不知道怎么处理,只能在心里先把关系定"死"了,先逃了再说。害怕吵架、一吵架就想逃的人,心里有很多恐惧。害怕双方一旦发生冲突,感情就淡了、关系就没了。

但往往,吵架正是关系的转折点。

两个人之间有冲突不可怕,可怕的是我们怎么去看待这个冲突。

有个朋友跟我分享一件事情,她跟她的好闺密已经认识两三年了。前段时间,她们一起去旅行,为期两天。但在两天的旅行里,她们发生了一次很激烈的争吵,两个人最后都哭了。朋友跟我说,吵架的时候他会很自然地想"这段关系要死了,嗯,那就这样子吧,我不要这种关系了",由此她甚至还想到"那我以后不跟我男朋友去旅行了"。

我问她:"为什么呢?"她说:"因为旅行就会吵架,吵架就会把关系弄死。"

在她的逻辑里，旅行＝吵架＝关系死了，由此延伸到以后不跟男朋友去旅行了。由此可见，其实她并没有像表面上那么冷静地接受吵架导致的一段关系破裂。相反，她非常在乎，才会由此延伸到未来的男朋友。

我的朋友跟朋友吵完架后，她朋友选择了鼓起勇气继续跟她沟通，她们两个那时才发现，其实吵架，也是在把一件事情梳理清楚。她也发现了其实吵架后，她们的关系并没有如她所料死了，反而更好了，两个人也更能理解彼此了。在此之前，她的朋友一直以为她是一个没有脾气的人，当她在吵架时表现出她很有脾气的时候，她朋友就特别不理解，也不能接受，从而爆发了一次更激烈的争吵。

我朋友说自己终于不用再做一个没有脾气的软萌妹子了，而是做一个真真实实有脾气的人，不再努力显示自己很好的样子，不再害怕吵架和冲突。她第一次觉得自己能这么坦诚无负担地跟一个朋友相处。这次争吵是她们关系的转折点。认识两三年了，即使是最好的闺密，在此之前还是隔了点什么，她一直无意识地躲避争吵，说句好听的，就是"维护"人设，其实是她害怕关系就此断了，所以一直不敢面对吵架这件事。

有时候，敢吵，关系才有出路。不管是友情，还是在亲密关系中。

"小吵怡情，大吵伤情"，吵架会破坏一段感情，这是我们一直以来固有的想法。恰恰相反，有时候，吵架也是一个契机。一个让双方梳理事情或澄清误会的契机，也是一个能完整表达自己想法和感受的契机。

在心理咨询里，咨询师有时候也会"勾引"来访者吵架，有些咨询师也会跟来访者吵架。当然，这可能跟我们平常的吵架有一些不一样。但本质是相同的，就是保持真诚的沟通，表现真实，不评判地表达自己。

在吵架的时候，两个人的表达，可能语气会很重，但是，只要双方保持沟通，保持不评判的态度，这样的吵架其实是一种沟通，也是一种真实。两个人相处，一定是会有摩擦的，而不是为了"维护"人设，维持表面和谐的状态。

如果关系只是表面和谐的状态，那就是我们常说的这段关系很"假"。就像我那位无意识中一直小心翼翼维持人设的朋友，即使是最亲近的闺密，也会感觉到很虚。因为这段关系里的"假"是一种表面和谐，让人没有安全感和信任感，透露的意思就是对方即使是我亲密的人，为了这份亲密，也不愿意吵架。因为害怕跟他吵架，吵架就意味着这段关系要死了、崩了。所以即使维持和谐是一件很辛苦的事情，也要把自己藏起来，"算了，不吵了"，但其实往往这种时候藏起来的人是对对方有怨言的，有怨言的时候，做出来的举动也会让对方不舒服。当然，这也会导致我们所说的被动攻击的状态。

那这个时候需要什么？
沟通或者直接吵一架。

亲密关系中的两个人更是如此，没有两个人永远是和谐的状态。如果一直都是和谐的，那一定是有一个人在退在忍。

有些话有些事你忍着，你不说，你不吵，你也永远不知道这段关系是否真的能承受一场吵架，这样一直退、一直忍，只是你在默默地往关系破裂的天平上加砝码。除非关系破裂就是你想要的结果。

我们经常说，跟越亲密的人相处就越容易生气，从某种角度上来看，这句话本身就是一个伪命题。我们跟亲密的人生气吵架，所发的脾气可能只是浅层的，背后一定是有需求的，这个需求无法直接表达出来，只能通过发脾气、吵架等方式。

但遇到冲突或者吵架就想逃，可能不仅仅是因为需求没直接表达出来。

更有可能的是在看轻对方，认为他很脆弱，可能觉得对方不能承受我们的攻击，又或者说我们觉得自己的攻击很猛烈。其实这只是我们把脆弱的自己投射到别人身上了。

"投射"在心理学上是指，个人将自己的思想、态度、愿望等个性特征，不自觉地反映于外界事物或者他人的一种心理作用。"投射"运作的一种方式是，被"我"否定的部分，借由"你"来补充，通俗来说，我们也会把自己不想要的特质给了对方。

在吵架中，"算了，不吵了"，又或是"我错了"这些逃避吵架的句子，也许都在说"再吵下去，你就要受伤害了，我们的关系就要完蛋了"。往深了理解，这句话的潜台词是"我要受伤了"。看起来逃避终结吵架的人不敢面对吵架，是因为害怕对方受伤，其实最主要的是，他在害怕自己受伤。对方只是被投射的弱小的自己。即便对方看起来多么蛮横有道理不需要这种隐藏的"保护"，他还是会恐惧，还是下意识地保护对方、保护自己。

这种意识很可能是来自小时候。

还记得你第一次亲历的吵架吗？是最亲近的父母吗？他们吵架的时候，那个小小的你是不是很想去做些什么，却发现自己什么都做不到呢？那个弱小没办法做些什么的你，以为天要塌了，父母要分开了。也许你已经忘了当时他们吵架时狰狞的样子，即使他们再和好，吵架时的"天崩地裂"的感觉，还有无能为力的感觉，这些消极又深刻的感觉已经被你记住了。

再次吵架时，那种"天崩地裂"的感觉又回来了，关系就要破裂的感觉也被唤醒了，你下意识地想逃，也很讨厌自己小时候那么弱，面对吵架，什么都做不了。因为讨厌这种弱小，于是，对方就被投射为那个很弱的你。你"停止"了攻击，企图休战。其实真正弱的，害怕在吵架中受伤的人，是你自己。

对方只是被投射了，对方并不是你，而且他能感受到你投射过来的"弱小"，也许在你看来，这是对关系也是对他的保护，殊不知，这在已经要拉弓开战的人来说，就是"轻视"，所以这不是休战，而是宣战。

就像开头我朋友跟我说的那句"我错了"，在他看来，也许吵下去没有结果，这是停战的最好方法，也许吵下去的确没有结果，但至少双方都能清晰地表达自己的立场和想法。所以在当时，我感受到了对方的投射，感受到自己不被尊重、被当作无理取闹的小孩子，因而更愤怒了。

是的，避免正面冲突，最核心是为了自保，而不是完全因为"我怕伤害到你""我怕伤害到感情"。因为害怕而后退，才是伤害的元凶。所以在吵架中类似于"我错了，你都对行了吧"这种话本意是不想要破坏关系，但这样的退缩（放弃）其实是更会破坏关系的。

我有个朋友之前也是这样害怕吵架。在跟女朋友相处的时候，他总是有意无意地避免正面冲突。他总觉得吵架会伤害感情。尽管他们在一起很久了，吵架也无数次了。我建议他直接跟女朋友表达这方面的担心。她女朋友得知后，在吵架后都会告诉他"你看，我们还在一起"。他也不再像以前那样在他们吵架的时候退缩逃避，而是面对这场吵架。两个人酣畅淋漓吵一场总好过表面的和谐。

在关系中，吵架也可以是一种真实的表现，也是一次表达自己、倾听对方的机会。

一场很激烈的吵架，气话狠话少不了，正所谓"杀敌一千，自损八百"，所以我们才更害怕受伤，也害怕感情会因此受损。也正因为如此，我们更需要看清自己真正在害怕的是什么。真的害怕关系会被破坏吗？为什么那么害怕自己吵下去会伤人呢？伤害了，又怎么了？吵架能伤到的，到底是对方还是自己呢？现实一点来说，那个时候，我们想要避免的冲突真的就能避免吗？你问过对方了吗？

当然，也可以在大家心平气和时，跟对方沟通，在吵架时，到底是这样的停战措施会让他感觉更好呢，还是吵出来会更好呢？

前文提到过我所主张的吵架，但吵架的前提是，我们要想清楚：吵架不为了对错，不为了发泄情绪，那到底是为什么而吵？自己是否真的清楚自己的感受？自己想借吵架表达什么？这就是面对。面对自己，面对真实，吵架才能成为彼此之间一场真正的沟通。

关系是两个人的，我们往往会通过投射等心理动力给关系制造结局。

矛盾的是，在一段关系里，我们既希望对方无条件接纳真正的我们，又害怕展现真实的自己。这也是在关系中很有趣的地方。

但有一点是我一直强调的，关系很重要，但你更重要。觉察自己，去想清楚自己在一段关系中怎么了。

一段关系即使有碰撞，也是真实的。不害怕真实，才能在一段关系里温柔有力量地做自己。这，也是一段关系亲密和共同成长的开始。而在一段关系里，共同成长才能更亲密。

所以，在两个人很需要沟通的时候，不要忍，不要退，不妨站出来，吵一架。

毕竟，有时候吵吵更健康。

评价能伤害你,是你亲手递的刀

越是告诉自己不要在意他人的评价,
越是强化了你对他人评价的在意。

我的来访者很低落地跟我说:"室友又在责怪我了,怎么办啊?"

我很奇怪,大家既然是室友,这三天两头地,动不动就责怪别人,那还怎么相处呢?

朋友把截图发给我。一看,全明白了。

室友只是发了一句:昨晚厕所灯开了一整晚。

我温和地提醒了一句:"她这句话没有表情,就只有一句话和一个标点符号。虽然可能会让你觉得被责怪了,但也许她只是告诉你这件事情。"

她有点醒悟了,看了一下:"对,那是不是她没有怪我?"心情一下子明媚了。

在旁人看来，只是一句事实。她却觉得"被责怪"了。看她心情瞬间转换的样子，既觉得可爱又觉得无奈。别人的一句话能让她一整天的心情像过山车一样忽上忽下。

也许你也是这样的：因为别人的一句话，你的情绪立马就上来了；你很在意别人的评价，心情好坏也取决于这些评价是好是坏；你看起来并不在意别人的评价，然而某天你会突然发现，自己的行动其实一直在不自觉地跟着评价走。

也许对方发给你的只是一个陈述句，却被你理解为对方是在评价你的好坏对错。

对方说一句，你会疑惑不决："我真的是这样吗？"又或是愤怒："你凭什么评价我？"但是你还可以坦然地说："嗯，你说你的，意见接受，但我清楚自己是谁。"

我有一个朋友，年纪轻轻就已经是著名企业的人力资源培训师了。

不管对方是熟人还是陌生人，收到评价，他都会先思考一下自己这次的工作完成程度，自己的满意程度。收到好评，他也会开心，谦虚回话。如果有人告诉他哪里做得不好，他会先反思一下。自己也觉得做得不太好，他会表达："嗯，这里我的确做得不好，那我下次改。"如果有人当面批评，甚至人身攻击，他也会一笑了之。

无论是赞扬、批评，还是攻击，他的心情从不会随着这些所谓的"评价"大起大落。

我们都很欣赏他这一点。

他之所以经得住赞赏、接受得了批评，没有像我的来访者那样因为一句话心情就忽上忽下，是因为他知道自己是谁。

开篇提到的那位来访者，她在工作中收到评价，也会先反思一下。有时候对方可能只是说了一个陈述句，只是在陈述一件事，但只要她觉得自己做错了，她就会觉得对方是在责怪她，她的情绪就会一时低落一时愤怒，在"我做错了"和"你为什么要这样怪我"之间来回摇摆，心情总是随着这些评价大起大落。

而事实上，责怪她的并不是别人，是她自己。

美国华盛顿大学心理学教授乔纳森·布朗和夫人美国西雅图太平洋大学社会心理学副教授玛格丽特·布朗出版的《自我》一书提到，自尊有三种使用方式，其中一种就是自我评价：个体对自己的能力和特性的一种评价方式。它偏向于理性上的判断，是对你某方面能力的评价。

这两个人对自己的评价很明显就不一样。

第一位对自我的认识并不清楚，所以很容易受到别人评价的影响。

第二位对自我的认识很清晰，所以不容易受影响。

导致这种不同的根本原因是他们的成长方式很不一样。

我的这位来访者，从小父亲就一直在外工作，常年不在家。家里就只有她跟妈妈。她妈妈既焦虑又严厉。在她的记忆里，童年就是不停学习，稍有犯错，妈妈就会很严厉地惩罚她。有时候，甚至向外地的父亲求助，父亲就会千里迢迢赶回来，跟妈妈一起惩罚她、骂她。她一直不知道自己是谁，是怎么样的，只知道父母希望她优秀，所以她要优秀。

于是，无意识中，她对自己的认知都是跟着父母的评价走的，也把这样严厉的父母内化了。当收到别人"评价"的时候，她会认为对方就是严厉的父母，在批评指责她，所以她既愤怒又委屈。

她很想告诉对方"我不是你说的这样"，却又不自觉地认同了对方的评价。有时候，她不认同对方的评价，可是她的行为却是不自觉地按照对方的评价在走的，那也是她对对方评价表达认同的一种方式。

第二位朋友，他小时候做"错"了，父母会让他想一下究竟是在哪里出现了纰漏，让他重新做。所以他会觉得，做错了最坏的结果就是重新做。他很小就已经知道自己是个怎么样的人，该做什么。他有很明确的未来目标，对自我的认识也很清晰。

"我是谁"一直是哲学三问中第一问。你有没有认真想过这些问题？

你知道自己是谁吗？
你清楚了解自己吗？
你知道自己是个什么样的人吗？
如果清楚，别人的评价对你来说重要吗？

毋庸置疑，认识自我的一个重要来源就是他人的评价。但是这个评价也是有两种情况的：一种是我们常说的"忠言逆耳"，另一种则是带有攻击性的。

当听到别人可能还称不上差评的一句话，自我认识不清的人就会隐隐有种愤怒——"你是谁？你凭什么评价我？"是的，他并没有什么权利评价你。

但你有没有想过，在情绪产生的那一刻，你就已经把评价的权利交给对方了。你的心情随着对方的评价而起伏。你把衡量自己的标准尺度亲自放到对方的手里。

这听起来很残酷，但也是事实。事实是，你选择把刀递给他，然后给自己制造伤口。

因为你不知道自己是谁，你还是那个年少时无助的你，任由别人给你贴不同的标签。

你委屈，你愤怒，你不知道该怎么办。把刀递给别人，允许自己被伤害，这也是一种自我攻击。

这也是你对自己最大的攻击：允许别人评价你，并借由别人的评价来决定你自己是谁，再用这个评价来攻击自己。

当你对评价很上心很受影响的时候，这把名为评价的刀已经在伤害你了。

无处可逃，无法逃避，那怎么办呢？

既然我们没办法改变别人的外在评价，我们可以试着建立我们的内在自我。

首先，你需要建立清晰的自我认知。对自我的认知不清晰，很容易就会影响到你在生活和工作中的状态，甚至让你更加不自信。

最简单的方法就是，找个时间，你可以拿出一张纸写下自己的优点和缺点，就像鲁滨孙当初被困在孤岛的时候，他写下对自己目前状况的评估，你把自己的优点和缺点完完整整地写下来。你也可以让你的朋友写下你的优点，有时候你对自己的了解也许很有限。当你这样做的时候，你就是在重塑你对自己的认知。每写一次，你对自己的认知就会更清晰一点。

你对自己的认知不是一两天就可以重新建立的，所以不要偷懒，不要放弃，多写几遍。

清楚地知道自己是个什么样的人，你才会知道哪些评价是带有攻击性的、哪些评价是忠言逆耳，如此一来，你的情绪才不会被别人的评价左右。当你对自己有清楚的认知，你才不会被一些不恰当的评价带偏。

自我认知不是一两天可以重建的，而是一个长期过程。在当下，你可以做的是觉察。

觉察当下的情绪。当你收到你所认为的"差评"的时候，你会愤怒，会委屈。可以先辨别当下的情绪是什么，我有什么感受：愤怒？委屈？烦躁？痛苦？再问问自己，这些情绪是对对方的，对评价的还是针对自己的。

如果可以，再去感受一下，这些愤怒委屈背后，更深层的原因是什么。一步步来，由浅入深。

很多时候，这些评价很可能只是激发你创伤的一把盐而已。也就是说，这些评价里，很有可能就有你对自己的评价，那是一道道的伤口。如果那里本来就有伤口，撒一把盐，所有的负面情绪，愤怒痛苦委屈难受都会被激发。如果这些情绪是针对自己的，你会发现，其实有这些情绪出现的时候，最痛苦的仍然是自己,是你内心深处那个无助痛苦的小孩。他没办法,只能用愤怒、委屈等情绪表达。

在把刀递出去之后,你要试着看到那个小孩,然后穿过情绪的迷雾,去拥抱他。

还有一点非常重要。如果你觉得别人的评价非常不合理且严重影响你的心情,你可以直接跟这个人表达你的感受,并且拒绝接受这样的评价。这就相当于你告诉别人自己的底线和边界,不让任何人来侵犯你的边界。必要时,可以跟经常评价你、让你感到不舒服的人划清界限。

我们是可以选择的。我们可以选择朋友,可以选择拒绝不合理的评价,让自己活得舒心些。这也是一种自我关怀。

清楚地知道自己是谁,并且觉察到那些令你不舒服的评价对你的影响,能照顾自己的感受,我们会发现这正是对自己的调整,也是找到自己的过程。

当你能回答"我是谁"的时候,你就有底气站稳脚跟,"不以物喜"。

当你接纳"我就是我"的时候,你就能坦然接受杂音,"不以己悲"。

第三章

关于自己

——你会经常对自己感到不满意吗?

追求完美,是你最大的自恋

跟完美的人相处,我们会有压力,
从而想让自己也变得完美。
而当我们追求完美时,我们身边的人也会有压力。

我有一个朋友,她曾经是个对卫生要求特别高的人,比如说地上不能有一根头发,家里的东西每一样都摆得很整齐;如果物品位置挪动了一点点,她一定要把物件挪回原位,否则她就很难受。

我呢,刚好相反,比较随性,家里乱没关系,反正我自己知道我要的东西在哪里。

有一次她遇到了一些事情,要来我家找我,让我陪陪她。虽然事先打过预防针,到了我家之后,她还是特别惊讶。

事后很久,我再到她家去的时候,发现她家里发生了一些变化，多了很多东西，以前东西都各就各位，整整齐齐地摆放在柜子里，现在却比以前"乱"了许多。

我对她说："我发现你家里的东西多了，有人气了"，她跟我说："我从你家回来之后，我就不停地在想你家那么乱，你还可以那么坦然，还可以活得很舒服。我就想，我为什么就不能乱一点点呢？"

那时候，她说得很真诚，加上我也很接受自己的生活状态，感觉她的话是没有任何恶意的。

我很开心，她给我的感觉不再完美得像个仙女，比以前更接地气一些，而且她的心理空间变大了，能容许自己的房子里有一点点的"乱"。

完美是很多人穷尽一生都想要追求的状态。

但是，身处完美或在追求完美的过程中，你是很痛苦的，因为这意味着你的心很小，小到你容不下自己，容不下跟别人的关系。

有些人不仅要求自己完美，也会要求别人完美。有些人可能只会要求自己完美，对别人的"宽容度"很高。

跟完美的人在一起是很痛苦的。跟不仅要求自己完美，还要求别人完美的人相处也会痛苦。如果界限不清晰，跟那些对别人"宽容度"很高的完美主义者相处会更痛苦。因为关系本身就是一面镜子。如果对方是完美的，关系越近，界限越不清晰，越映衬出自己的不完美，有时候甚至还会产生一种被嫌弃的感觉。

上大学的时候，我是住校的。同寝室几个女孩子，有一个忍受不了寝室脏乱差的女生 A，而另一个女生 C 则是大大咧咧的。有一次在阳台洗衣服，C 挂衣服的时候不小心有一滴水滴到 A 的洗澡水里。我们当时是用桶接水洗澡的。A 也没多说什么，只是把一桶水全倒掉了。C 当时觉得又委屈又生气。晚上大家关灯"夜谈会"的时候，C 提起了 A 把水倒掉那件事，她说感觉自己被嫌弃了。A 当时很惊讶，她说："我一直都是这样啊，我只是觉得水脏了才倒掉的。"

站在 A 的角度，她觉得还挺无辜的，对她来说，这就是很平常的事，但是 C 觉得自己被嫌弃了。所以之后跟 A 相处，她都是小心翼翼的，甚至是怕怕的。

可能正是因为人在追求完美的时候，他心里是紧绷的，他没放过自己，所以在跟别人相处的时候，别人也会感受到这股"不放过"的力量，也会有一些不舒服的感受。这些不舒服的感受很难说出来，因为对方的完美主义只是对他自己。

这也并不是我们一般意义上的完美主义者，他只是费心想要追求完美以得到认同，所以他很难放过自己。

这样的完美，还会把一种、一段关系逼到角落里，让人喘不过气来。

我另一个朋友，他在工作中要求自己事事做到完美，做到最好。但是他所认为的最好，并不一定是他上司认为的最好。每到这时候，他就会觉得很有挫败感。他希望自己就是完美的，所以他一直追着上司问，问对方工作上还有什么要求，甚至每一个细节都不放过。问题是，上司并没有多少时间可以耐心跟他讲解。而且他这样过分地追求完美，反而让上司感到很不舒服——感觉就像是被掐着脖子追着跑。当上司这样跟他表达之后，他一下子就受不了了，感觉自己给别人造成了负担。其实对方也只是说出自己的感受而已。

事实上，他这样的完美只是在追求认同感。也许他上司表达的感受正是他自己内在的感受——为了获得认同感，从不放过自己。

就像小孩子追求 100 分，是为了获得小伙伴艳羡的目光和父母老师的夸赞；一个人在工作中苛求完美，表面上是为了自己更优秀，实质上也是为了得到别人的认同，从而获得自我价值感。

大部分追求完美的人都希望自己在某件事上能获得别人

的认同和自我价值感，使他能感受到更多的存在感。

也许你已经知道了，是的，这些别人最初就是我们父母。

你在某件事上追求完美，也许就是因为你的父母（主要照顾者）在你小时候对你在某方面过分严格要求，他们要求你在这件事上不得出任何差错，要循规蹈矩按部就班地做好。

也许是因为你在家里并不讨喜，上有哥哥姐姐，下有弟弟妹妹，你需要把所有的事情都做得妥妥当当才能让父母另眼相看。

也许是因为幼小的你在某件事上做得特别好，才能得到父母的夸奖和陪伴，才能被他们看见。

其实这种追求完美也可以说是为了满足自己的自恋情结，自恋的核心是存在感。所以这种追求完美的人，同时也是为了获得在某些人眼中的存在感。苛求自己其实是在追求存在感，只要自己做得完美，就会被看见，正如小时候的你，努力做好一件事才会被父母看见。

我也是这样的。我对文字是有"强迫症""完美主义"的。

写文、对话都不能出现错别字，发微信时发现有错别字，我一定会撤回，改正以后再发。

追究起来，可能是因为小时候练字时，握笔的姿势不对，写的字不对，妈妈在一旁就会用笔打我的手。久而久之，我就对文字产生了一种"强迫症"。这种对文字的"强迫症"

还延伸到了写文章上,所以我对文字和文章的逻辑性要求相对来说比较高。

后来我认识了一个朋友,他就告诉我他不喜欢撤回,而且他还经常发错字。一开始他发错字,我都会忍不住去主动纠正,把正确的字发给他。然而,他并不在意,还是会发错字。加上他性格比较可爱,我发现有时候有错字反而很可爱,还很好玩。后来,我也逐渐放松下来,偶尔发了错字也不撤回,想纠正自己就直接把正确的字发过去,有时候甚至不发,让他自行领会。

这时候,我们的关系是轻松有趣的,自由度也很高。

完美,并不是一个贬义词。生活中,每个人都或多或少会在某方面追求完美。

一个人、一件事肯定不会全是优点,也不会全是缺点。就像我会对文章追求完美,就像开头那位朋友。跟这样的人相处,有时候会很不舒服。他们对自己的要求苛刻到近乎完美,这就像紧绷的弹簧,让你也忍不住紧绷。你说,跟一个人相处时小心翼翼的紧绷状态好,还是那种放松的状态好呢?答案是毋庸置疑的。

除非你非常需要或者享受跟这种人相处时的紧绷状态。

跟那些只要求自己完美的人相处有时候也是很容易的,

你只要知道他在哪方面追求完美，避开雷点就可以了。还有很重要的一点是，要分清界限。

分清界限指的是你要知道对方就是这样的，他长期以来的模式就是这样的，不可能一下子因为跟你的关系而完全改变。而且，他追求完美是他自己的事情，只要不过分要求你，也不要求你同样完美就好，大家分清界限，相处起来也会更自在。

分清界限，你就会明白，当他在某件事上追求完美的时候，他所有的情绪和感受并不是指向你，更多可能只是指向发生的这件事而已。

就像我的那个朋友，一开始去她家时，我会觉得很紧张，怕自己梳头掉头发她会责怪我，但其实她去捡那些掉落的头发并不是在怪我，而是她纯粹看不过眼那些头发在地上而已。理解这件事之后，我在她家少了些小心翼翼，做自己就好了。明白了与她的相处模式，也分清了界限，相处起来才不会不舒服。

追求完美的人本身也是蛮痛苦的，因为他们总是不放过自己，对自己的要求很苛刻，除了发生的这件事让他们受不了之外，他们内心的情绪感受还是指向自己的。心里总是带着恐惧，害怕自己做得不够好；总有把量尺，去衡量自己做得够不够好。

所以他们在追求完美的同时，总是会给人一种焦虑、苛刻、难以亲近的感觉。

事实上并不是这样。

我没办法帮你解决这种痛苦,但我知道,你首先要做的肯定是放过自己。一个人的心理空间就这么大,你只有先放得下自己,才能容得下别人。

所以,追求完美的人哪,偶尔也要在心里给一些自己喘息的空间。这样你才能放过自己,放过别人,也放过你们的关系。

走出舒适区,错在哪里

越是告诉自己不要在意他人的评价,
"好的坏的,我们都收下吧,
然后一声不响,继续生活"。

经常在某些文章下面看到这样一些评论,
"这个方法很难。"
"想想都觉得自己不太可能做到。"
"找咨询师很难。"

有些人下意识第一反应就是"成长很难""我做不到"。

其中有很多客观原因,比如说找咨询师就需要考虑经济和时间压力。

还有另一个原因就是我会用很多理由和借口告诉自己"改变很难",实际上是不想走出舒适区,本质上是"我还不想改变"。

有时候,这种不想改变的潜意识会用一句"我不知道"的口头禅来表达。

我的一个朋友在亲密关系中遇到一些困惑,她不知道怎么跟对方更好地沟通。在这个过程中,她总是问我:"为什么?怎么办?"我反问她:"那你觉得呢?"她第一反应就是说:"我不知道啊。"

我一下子有点语塞。我坚持问她:"你的感受比较重要。你感受一下?"她才讷讷地说:"我觉得很不舒服。"

嗯,是的,很不舒服也是一种感受。其实,她不是不知道自己的感受,也不是不能感受到自己的感觉,她只是下意识地逃避或者隔离。

我再问她:"不舒服的背后是什么?"并且加上了一句:"你只需要自己知道答案就好了。"

她犹豫一下,告诉我:"我在害怕,害怕对方随时离开。"

这个过程并不是我问她,她给我一个答案搪塞我就好了,是她要去面对自己,看到自己。

心理咨询有一部分也是这样的,咨询师有时候就像苏格拉底说的"助产婆",需要来访者去思考。不同的是,苏格拉底使用的是教学方法,而咨询师使用的是一些谈话技术和各种感觉。咨询师会提供看事情的不同角度,陪着来访者去看到一些关于自己的真相。

因为没有人比你更了解自己。只是你愿不愿意去看到自己,去了解自己。如果不去觉察,的确很难知道自己在想什么,有什么感受。

有时候我们会把自己的感受隔离起来,不去触碰。这是一种下意识的自我保护,试图粉饰太平,试图掩盖真相,试图麻痹自己"不痛就不存在"。

这是不可能的。

有些东西,存在就是存在,"不知道"不代表不存在。就像我那个朋友,她是真的不知道吗?她只是下意识地不想去碰那些东西而已。

日本著名时装设计师山本耀司说过:"'自己'这个东西是看不见的,撞上一些别的东西,反弹回来,才会了解'自己'。"

很多人都是生活中真的碰到了瓶颈,也就是"撞上了一些别的东西",才愿意来找心理咨询师寻求帮助,那时候可能已经是痛苦的边缘了。当然,这样的情况一是因为心理咨询还没普及,二也是因为在很多人看来,"现在就挺好的,挺好就行"。直到某些时候真的触礁了，可能才会觉得"哎呀，糟糕了"。

有人拒绝了解自己，因为了解自己的代价很大，后果也许是翻天覆地的；有人拒绝成长，因为躲在一个"安全"的地方多好啊。

心理学有个概念叫作舒适区，在这个范围内，人们常常觉得放松舒服，不愿意被打乱打破，这里有自己的行为模式，并且是熟悉且惯用的。每个人都有自己的舒适区。打破这个舒适区会让人有不舒服的体验：也许是痛，也许是无力，也许是无奈……这些负面体验会把人打击得一败涂地，无力反击，不愿意再站起来、再去面对自己，不愿意再前行，因为不知道终点是哪里。

也许待在舒适区里你会很舒服很惬意。你不想改变，不想有任何变动。舒适区就像一个玻璃罩，看起来很结实，其实一敲即碎。

有些时候，有些事情，你不得不去面对。

例如，你在关系中感受到阻力，这股阻力影响着你和对方，让你很痛很无力，并且它是循环作用的。它像是一个解不开的结，很多时候你以为解决了，其他关系莫名其妙地又回到了无解状态，这是个封闭的圆。你无从得知这股阻力来自何方，为什么它一直存在，周而复始地打破你的舒适环境。

其实是因为这是你熟悉的模式，也就是你的潜意识，它一定会用更痛的方式告诉你，有些事情，你要去面对。这些事情，可能是关于自己、关于成长、关于关系的。所以，你有没有想过，你的开心、快乐、舒服，也许只是潜意识里的假象，是你想逃避自己所搭建出来的假象。

你潜意识里一直惴惴不安，伺机而动。

而行动就是治愈这种恐惧的良药，犹豫、拖延将不断滋养恐惧。

如果你觉得痛也是寻常，那这种寻求关系被破坏的模式也在你的舒适区范围内。那就更需要去打破了。

这个假象被无法预料的外力打碎，比自己认清真相痛苦一百倍，因为事情或者关系已成定局。没有人能承受得住一次次的痛与破碎。像心理咨询师周小宽所说的，"如果是这样，我宁愿早点醒来，咬牙成长"。

这就是我们自己选择去面对、去成长的。所有后果和代价都是自己选择承受的，都是可控的，不再是惶惶不可终日，担心自己的舒适区会有破碎的一天。

你的潜意识需要被觉察，才能改变一直以来的模式。

从外打破，痛不欲生；从内打破，涅槃重生。

比如说，从小你父母就一直在耳边唠叨"这是为你好"，其实有可能并不是真的为你好；比如说，回溯过去记起的可能是你内心还没愈合的伤疤；比如说，真相可能是你一直想掩盖无法面对的创伤。这都是真相。

看清真相的确很痛，也许会让人愈加无力。在了解自己和看清真相以后，随之而来的，可能还有一种孤独感。

也许你会觉得，人类的悲欢并不相通，现实中没有人能理解你。并且随着年龄增长，我们发现身边亲近的朋友可能越来越少，感觉彼此之间越走越远。

因为成长就意味着旧有模式和新模式之间的冲突，理智和情感的冲突，人与人之间的距离就在这一次次的冲突中，被无意之间越拉越远。这就是成长带来的孤独。

网络上流传着一句话："生命中重要的人越来越少，剩下的人越来越重要。"这句话字面意思也是合理的，而且有效地缓解了一些人跟朋友疏离的焦虑。

是的，不是重要的人越来越少，很有可能就是你们已经不在一个频道上了。真相也许就是：你的成长跟不上别人的脚步。人生来就对关系有一种本能的渴望，这是一种很原始的孤独感。但成长，看清真相，有时候意味着你要承受一些孤独。

这也是成长的一个难处。成长是必然的，孤独也是趋势。

但成长本身就是在这些难处之中找到力量。这力量是属于自己的，从内长出的力量。

韩国电影《旅行者》的女主角是个小女孩，她明明有家却被送去孤儿院，被家人和朋友抛弃。在一个人面对孤儿院里的孤独、痛苦、绝望和恐惧时，她挖了个坑，把自己埋进土里，想就此死去，随后她扒掉脸上的泥土，呆呆地望着天空。没有人知道那一刻她在想什么。但经此一遭，她终于能坦然面对真实的生活，放下对过去的执念，接受新的领养者，独自一人前往领养家庭，开始了自己的新生活。经历过这么多，她的眼睛里有了释怀，一扫过去的阴霾，有了甜甜的笑容。那是她成长后的释怀和力量。

作家山亭夜宴说："好的坏的，我们都收下吧，然后一声不响，继续生活。"

这就是成长，不是妥协，不是放弃，而是稳稳当当地以内心的不变应外界的万变。

当然，在这个过程中你也会发现，自我成长是会进一步退两步的，当下获得力量前进，没过多久就泄气了。这是很正常的螺旋上升趋势。自我成长就是在像螺旋一样，总体向上。

我一直都说，改变是自我成长的第一步。而自我成长本身就伴随着痛。这是一条艰难而漫长的道路。在这条道路上，我们痛并快乐着。

踏出改变的第一步，是需要力量的，不管是别人的，还是自身的。要想改变，获得力量，最好还是从内寻求力量。

首先，你得改变认知。觉察成长并不可怕，相反，它能让我们成为更好的自己。无论什么时候，觉察成长，成为更好的自己都不羞耻。更懂自己，去了解自己，敢于直面自己的人已经很了不起。这是自己给予自己的力量。

有人会求助朋友求助心理咨询师，这也是获得力量的途径。

在面对自己的过程中，不可避免会出现痛苦。你要先看到自己，自己给予自己力量，才不至于一次又一次受伤。这股力量源泉让你更了解自己，也更了解他人。

"觉察"就是你依然无可避免会走过很多坑，也许也是在同一个坑里摔了无数遍，但这一次，你会知道这是坑，你会平静而有力量。

自我成长是一条艰难而漫长的道路，既苦又甜。

不断觉察，不断成长。就像藤蔓一样，向上长出枝芽，向上生长。这是一股旺盛的生命力。

写这篇文章，就是想给一点点力量让你踏出第一步。觉察并改变，不是一步到位的事情，而是一朝一夕点点滴滴的努力。怀着对更好的自己的向往，一步步咬牙前进，不要放弃。

踏出自我成长的第一步，难在哪里？

难在自己。

想起歌曲《想把我唱给你听》的一句歌词:
"最最亲爱的人啊,路途遥远,我们在一起吧。"
这条路上,你不孤单。

积极独处：最好的独处是拥抱自己

拥有独处的能力，
是一个人情感成熟最重要的标志之一。

不知道你身边有没有这样的人。

一天到晚忙不停，约个饭一直看手机，看工作，工作就是一切。坐在他对面，你就感觉还在安排下个娱乐项目的自己很懒散、很堕落，因而食不知味。

我的朋友小B就是这样的人。

而坐在她对面的我，就是那个食不知味的人。

除了让我感觉自己很不上进之外，小B给我的还有满满的焦虑感。

对工作的焦虑感让她没办法静下来好好地吃一顿饭，好好地跟我聊聊天。每次见面都是如此。

有一次，我问她："你有没有想过停下你手头的工作，好好去玩一下，休息一下？"

她说："我想啊，可是我真的没时间。工作一直做不完，让我感觉很焦虑，害怕上司说我不努力不上进，偷懒。"

我说："嗯，工作是做不完的。停一下就代表你不努力不上进了吗？"

她一下子就愣住了，好像这个问题给了她很大的冲击。

她是真的一直没想过停下来，她一直希望通过工作来获得认同，这种认同包括薪资上的，也包括上司的直接嘉许。她没有办法接受自己停一下，休息一下。

她说，好像只要她停下来，就会有一个声音跟她说，不能停，不能停，不能停，这种焦虑的感觉让她一直停不下来。

对很多人来说，停不下来是一种常见的状态。工作停不下来，焦虑停不下来，不安停不下来。但是，你有多长时间没跟自己待在一起了？

看到这个问题，你也许会愣一下，然后去细想细数多长时间了。是上一次一个人走在街上的时候吗？还是一个人在办公室里加班的夜晚？还是无所事事刷手机的时候？

这里的"跟自己待在一起"指的是，你跟自己待在一起，是真正地待在一起，身心都在当下。

不是走在大街上百无聊赖地闲逛，羡慕嫉妒成双成对的情侣，也不是一个人顶着鸡窝头在办公室里奋笔疾书，更不是无所事事地在手机阅读成千上万的碎片化信息。

一个人，当然是偶尔也会寂寞的，也会脆弱，会需要关系。而上述那些所谓的跟自己待在一起的零碎片段，其实更深的感受是"孤独"。

我也问过小 B，问她觉得这个"不能停下来"的声音到底像谁，这个声音到底是谁的？

她想了想，觉得是自己。

她不能停下来，是因为一旦停下来就意味着她要变成一个人了。独自面对生活的那种孤独感，会让她觉得好累，无法面对。那个时候，她觉得自己特别寂寞，特别孤独，不知道能找谁，而且内心很脆弱。她很不喜欢那样的感觉。她说，那样的感觉会把她吞没，会让她无法坚持现在的生活。所以，她一直告诉自己："不能停！不能停！"

孤独感像一只怪兽，不停地追着她跑，让她无处遁形。

对小 B 这样害怕孤独的人来说，这是致命的。

也许你每天奔波，疲惫不堪，回家还要面对只有一个人的空荡荡的房子，让你备感孤独。又或者每天辗转于各种关系中，自己一个人的时候却怎么也静不下来，又想回到那种热闹的应酬场合。

孤独感实在太可怕，它会把人吞噬掉。

因为害怕面对这种孤独，所以只能一个人去找一些停不下来的事情做。例如刷手机，例如继续工作，即使再累也不愿意停下来。

孤独是一种孤军奋战的感觉。这种感觉最接近"我没人爱，没人跟我在一起"。很多人会借着孤独在社交平台发一些自哀自怜的话，以求能有人看见，以求能得到陪伴。

有首歌里唱："孤单是一个人的狂欢，狂欢是一群人的孤单。"当孤独感来袭时，倚仗别人来解决这场自己跟自己的战争，最后在人群中也只会更孤单。

我们经常习惯于跟别人相处，也经常习惯于倾听别人的故事，照顾别人的感受，通过与别人的关系来缓解自己的孤独感。这种通过与别人交往来缓解孤独的做法，会产生一种更大的空虚感，于是我们又急着找人用关系或者找事情来做填补，这就陷入了前文我们提到的那种停不下来的错觉中。

而往往这种时候，我们在关系中，是看不见别人的，因为我们只是需要别人来对抗孤独，对方是谁已经不重要了，当然，如果是亲密的人最好，如果不是，也可以。我们只是需要陪伴，因为没办法面对独处时的那种孤独感。这一点对方是能感受到的，也许有人会愿意陪伴倾听这时候的我们。

只是，过后呢？

你的心里产生了更大的空虚感和对关系的渴望，你会更希望抓住一个人来一直陪伴你。而这是不可能的。

没有人会愿意一直充当一个不被看见的角色陪在你身边。

你也清楚这一点，所以你抓住了工作或其他用来"打发时间"的事情。一直停不下来。

有个朋友跟我描述了这种停不下来的感觉："有时候我刷手机刷得停不下来，刷完之后，我根本不知道刚刚看到了些什么。我只是不想停下来而已，因为停下来的感觉很空虚，很需要有些东西来填补，没有人陪只能用手机替代。"

所以，正如我那位朋友而言，很多人害怕的只是孤独带给我们的感觉，而不是孤独本身。

孤独本身其实是很有意义的，包括孤独所带来的强烈奋战感，都是有意义的。

事实上，你所逃避的孤独是你的黄金时间。在那个黄金时间里，你可以跟自己好好待在一起，没有人打扰，享受一个人的时光。心理学上称之为"积极独处"。有论文指出，积极独处与社交回避不同，它是一种个体有目的的主动选择并且伴有积极的情感体验。

独处是一种能力。心理学家温尼科特认为,"拥有独处的能力,是一个人情感成熟最重要的标志之一"。

独处,通俗来说,是跟自己单独相处,也是对自己心理资源的整合。独处意味着你身心处于当下,跟自己待在一起,去体会正在做的事情。有时候,发呆也是一种独处。有时候,一个人在安静的房间里,静静待着,脑子思绪纷飞,那些乱七八糟的想法从脑海里闪过,你会发现看似思绪乱飞,但这乱飞的每件事都跟你这段时间的状态有关,你会发现哪些事是困扰着你的,哪些事是你觉得值得回味的。这也是备受赞誉的英国非虚构作家奥利维娅·莱恩所说的"在孤独中成形的事物,往往也能被用来救赎孤独"。

我有一段时间非常忙,忙得像陀螺转,简直停不下来,压力也非常大,我能觉察自己当时非常焦虑,而且非常易燃易爆。在那段时间,我没办法抽身出去旅行,所以我选择了一种室内独处方式——下厨。我会去体会自己下厨那一刻的心情、那一刻的需求,看自己想吃什么,然后买菜,网上搜教程。在做菜的过程中,真的是全身心去关注每一道工序,完全想不起来任何让我焦虑的事情,而且当时那个状态,我是放松并且享受的,专注于下厨的每一刻。成品出来时,我就能感觉整个人放松下来了,不再是紧绷得停不下来的状态。

虽然还是非常忙，还是停不下来，但我的身心都放松了，停下来了，能用更饱满更好的状态去面对非常忙的工作了。

下厨的这个过程，是我在与自己独处，给自己身心留出一段时间喘息。

心理治疗大师欧文·亚隆说："要完全与另一个人发生关联，人必须先跟自己发生关联。"

是的，如果我们不能拥抱我们自身的孤独，关系只会变成我们对抗孤独的手段或者工具。这样的关系不会长久，因为你在关系中释放的是敌意，而不是爱。因为别人从你身上感受到的不是"被看见"，而只是一种对他的需要，这种需要只是一种对存在本身的需要，而不是对这个人的需要，这是有区别的，对方同样也能感受到。没有人会喜欢被当作工具或者附属品，也没有人能填满你的空虚感。

一个人只有先关注了自己，才能将爱和关注转向另一个人。只有在那个时候，一个人才能去关心另一个存在的存在和成长。

先学会跟自己联结，才能跟别人产生联结；学会跟自己独处，才能更好地融入关系中。

我无法告诉你，在你跟自己相处的过程中，你能有什么感受，也许是铺天盖地的孤独感，也许是漫无边际的胡思乱想，但只要你学会去体会它，好好跟它待在一起，这种独处就是积极的、正向的。这些感受念头都是你的，都是你，不要害怕。

一直以来，我们最忽略的人，其实就是自己。

停下来，找回自己。给自己一些时间，跟自己停战和解，和自己好好相处。

"在吗"——你是多没安全感啊

我们总是希望被秒回,
只不过是为了有个人证明我们的存在。

在我的公众号后台,经常会看到很多人对着对话框只发出两个字——"在吗"。看到这两个字,我能感觉到对方的小心翼翼。很多人可能不知道,公号并不能立即回复。而且你只发"在吗"这两个字,也很容易让屏幕另一端的人不知道怎么接话。这时候我往往不去理会这些东西。再过几天点开头像,会发现大部分发了"在吗"的人,都在得不到回应之后,就取消了关注。

生活中这样的事也并不少见。很多人都在微信里问"在吗",也许当时你在忙,在做别的事情来不及回应,等你再去问他有什么事,他已经没兴趣再说下去了,好像就因为你没有及时回复，对方就失望、失落、生气了。这时候往往你会很茫然，感觉自己很无辜。

无论是公众号还是日常朋友对话，取消关注还是没兴趣说话，都隐约给对方一种"我放弃了"的感觉。这都会让对方感到很不舒服。

如果你问我关系里最让人觉得纠结的两个字是什么？我认为就是"在吗"。

排除紧急事件或者骗子的情况，"在吗"是很有深意的，往往是一种极其需要关系的表达。至少在说出来的那一刻是非常需要对方的。

工作也不例外。在工作中，我最无奈的就是，合作方或者同事小心翼翼地问了一句"在吗"，然后得到回应后再跟我说工作的事情，之前非常忙的时候会因为这个有些困扰。因为忙的时候，我没办法即时回复任何信息，等到我回了，对方才告诉我工作的事情，这样一来工作效率就很低了。如果在忙的时候我一眼看过去，就能明白他想要什么，他希望我做些什么，这样两个人的配合度会更高，效率也会更高。

但很多时候，往往很多人还是会小心翼翼地发出"在吗"，以确认对方在不在，能不能即时回应我的需求，即使在工作中也需要这种感觉。

也许有些人觉得这是一种尊重，但其实可能只是反映了你内心的一种强烈需求，对关系的需求。

渴望关系是人之常情，因为人是社会性群体，非常需要归属感，当然也会渴望关系。

我自己也经历过这样的时刻，当我问别人"在吗"的时候，我是小心翼翼的并且极度渴望别人立即回应的。当时的我内心是希望在这样的对话中，通过简简单单的两个字"在吗"去试探对方，是不是真的看见我，是不是能真的立即回应我。我需要反复确定，才能确定这段关系是安全的。

为什么秒回会让人觉得交往起来安心？因为这里面就是一种"被看见"的感觉。

但很多时候，我们都知道，并不是所有人都能秒回的。

从前我有一个朋友，她每次找我，都会先问我"在吗"，刚好那段时间因为某些事情的关系，我一直拿着手机，所以基本上都是秒回。她每次都跟我说："怎么你都是秒回的啊？"我说："只要看到了基本都会回的，如果我没回，那一定是在忙。"强调这句话的次数多了，她也就慢慢地明白了。直到有一天，那个熟悉的"在吗"问候语消失了，她直接就给我留言说了她的事情。我问了一下她这件事。她跟我说："现在你不回我的时候，我都知道你在忙。我也发现，我对待别人的时候也不需要问'在吗'，有事说事，我知道对方看到也会回。不回也没关系，有可能在心里回了，哈哈哈！"

最后那句是玩笑话，但是也看出来她在关系中的安全感比以前更足了。我们的关系对她来说是安全的，她也会把这种安全的体验带到别的关系中去。

通过一句简简单单的"在吗"，我们体会到，这是非常渴望一段稳定安全的关系的表达，而且在表达的同时也希望在这段关系里，你是被看见的，所以你才会用"在吗"这么小心翼翼的两个字去确定对方的存在。反过来说，你是利用了对方来确定自己的存在，在那时，你需要一个能秒回的人来确定自己的存在。

每当看到这两个字，对于这样的试探和反复确认，我是觉得有点无奈和心疼的。这两个字意味着你的心里没有安全感和存在感，这段关系给你的可能是一种模糊感，有一些安全，但更多的是不安全，安全是你可以发出这样的试探，不安全的是你需要这样小心翼翼地去试探去确认。你很怕打扰对方，但很希望他是那个能秒回的人，秒回多好，你需要的时候他就在。通过"在吗"两个字，去确认这些东西，去填补你心里怕打扰对方的小心翼翼和不安全感。

在一段关系里，一直小心翼翼地试探也会让对方感到不舒服以及不被信任。像前文提到的，如果"在吗"得不到回应，我们会觉得失落、失望，这种最深处"我希望被看见"的期待落空，自然也就没有跟对方再诉衷肠的意愿了。这样一来，对方也会感到我们的"责怪"，一方面觉得莫名其妙，另一方面觉得自己很无辜。这样的"不欢而散"会让关系莫名地冷下来。

我们总是希望被看见、被秒回，但如果一直站在原地小心翼翼地试探，是绝少有机会真正被别人看见的。因为这时候我们也并没看见自己。有时候对关系的极度渴望也说明了自己的状态，或者说心里的缺失——需要一个人来证明自己的存在。

也许这时候，我们需要想一想，我们只是在某段关系里是这样的，还是每段关系都需要问一句"在吗"？

如果只是在某段关系，那可能在这段关系里，你的感觉就像我说的是模糊的，你很想靠近对方，但又害怕。那到底你是害怕这个人，还是害怕"靠近"本身，还是害怕深入一段关系，可能需要你自己去觉察。

如果是每段关系都是如此。可能我们就需要仔细观察一下，是不是我们把对方当作了生命中某个需要小心翼翼对待的人，在需要他的时候，曾经多次遭到拒绝和嫌弃，以至于每段关系都需要小心翼翼地去试探。

这个人可能不是别人，正是你的父母（主要照顾者）。

试想一下，当你还是个婴儿的时候，你需要依附父母成长，你只会最基本的动作——吃喝拉撒睡，饿了渴了需要人喂，拉了撒了需要人换尿布。但是你的照顾者并不耐烦，甚至脸上出现了"你是个累赘"的表情。

或者再长大些，你上学了，懂事了，但是父母阴晴不定，情绪很不稳定，偶尔不顺心了就借一些理所当然的理由骂你，例如："你这次怎么考得这么差？""这件事这么简单你都不会？"……

这些不耐烦、嫌弃都是由最亲近最重要的人给你的，是不是更让人觉得崩溃？

任何人在这些情境下都会受不了，但这些都不是在意识层面可以被感知的，潜意识中已经有了"我不好""我就是个累赘""我就是麻烦""只要我有一点点渴望，别人都会觉得我是累赘和麻烦"，这些都是刻在潜意识里的，都是从平时在关系中的行为模式中体现出来的。

在现在的关系里，有时候我们也需要这样小心翼翼地去试探，不能太显露自己的渴望或者脆弱。

有些人很幸运能遇到给自己安全感的那个人，不管是朋友还是恋人。

即使没有，也不要紧。我们该清楚，我们已长大了，不再是那个需要依赖别人的小孩了。比起那个小孩，我们有更多的选择来给自己安全感。

1. 我们可以尝试着发展自己的兴趣爱好

我们之所以在关系中缺乏安全感，很大可能是因为不自信，以致把自己的所有重心都放在关系上。当我们利用空余时间来发展自己的兴趣爱好时，一方面，时间和精力都花在了自己身上，让自己生活的重心得到了转移，不用再紧抓着和别人的关系，力求在关系中得到回应；另一方面，当我们付出时间和精力在自己身上时，我们也会发现，自己有了底气，也越来越自信。当你有足够的自信，在跟别人建立关系时，就不会再小心翼翼患得患失，你会有更好的选择。

2. 培养独处的能力

我们要找到跟自己舒服相处的方式，而不是拧巴着和别人相处。就是说当我们独处的时候，即使不跟别人发生联结，我们也能够满足自己，也能够让自己轻松舒服。这是一种既保持独立，又自由开放的状态，也是一种进退自如的潇洒状态。我既可以跟世界产生联结，也可以跟自己产生联结，并且在这些关系中，也能感到舒服和自在。

3. 尝试在关系中"向内看"，也要尝试积极主动一致性表达

在一段关系中，当你感觉到安全感不足的时候，尝试"向内看"，看看是不是某个时刻有什么事情触碰了你那个不安全感的按钮。当你希望跟对方说点什么的时候，不用害怕，大胆说出你的需求并直接表达出你的感受，这就是一致性表达。

在关系中，更多地去照顾自己，而不是眼巴巴等着"秒回"。这时，你就不会对他有过高的期待。比如说，期待他能秒回，期待他能做更多来满足你。你也会体会到更多的自由。例如，你有你表达的自由，当然，他也有他拒绝的自由。这段关系就会给你更多的安全感，也更自由。

关系是重要的，也是必需的。在关系中受的伤，也需要在关系中疗愈。

然而，我们每个人跟自己的关系才是最重要的，我们要先跟自己内心深处还没长大的小孩处好关系。当你极度渴望一段关系，或者过分小心翼翼的时候，你要跟这个小孩静静地待一会儿，去看看他在害怕什么，做自己的照顾者。

你已长大，不要再用过去的小孩模式应对周遭的一切，不要活在别人的期待里，也不再对别人抱有太高的期待，这时，你才能真正地成长，真正成为一个独立的有安全感的人。

墨菲定律：其实这就是你想要的结果

你的潜意识指引着你的人生，
而你称其为命运。

我曾经在网上看到一个男生的自述，他出轨的聊天记录偶然间被女朋友看到了，女朋友当时就跟他吵了起来，直接闹到分手了。他后来有些后悔。他说，其实他有很多很多次机会可以把出轨的聊天记录删掉，但是他都没有。他也说不清楚是为什么。也许当时他觉得这是为了测试他女朋友的反应，又或者是为了证明自己跟女朋友的爱情。

我觉得他从一开始就是冲着"分手"这个结果去的，在他的潜意识里面，他想让女朋友看到那些聊天记录。

我们一生面临很多选择，有些时候，我们会后悔做出的那些选择。俗话说的"事后诸葛亮"，但是，很多人都没有想过，可能我们做事情或者做选择的时候，就是冲着那个结果去的。

我们总是觉得做梦很神奇，有时候并不是梦很神奇，而是在你睡前或者最近一段时间在纠结某件事情或者某种情绪特别强烈的时候，你做的梦可能正是你的潜意识给你的答案。这很符合我的咨询师前辈经常跟我说的一句话"你的潜意识比你想象中的要聪明多了"，这句话很耐人寻味，包括我说过的"没有人比你自己更了解你"，这个"你自己"，很多时候其实就是在说我们的潜意识。潜意识更知道我们自己想要的是什么，或者说它更能记住能让我们感觉到安全的模式是什么样的，它会比我们都要记得清楚，那真真是刻在骨子里的。

在精神分析疗法中有一个方法叫作自由联想，最开始的形式是来访者躺在躺椅上，咨询师坐在他背后，拿着笔在纸上记录。这种方式往往是来访者自己做自由联想，然后咨询师在后面倾听完全不打扰，来访者可能说着说着就能说出来，他自己到底是想要做什么，为什么那么做。心理咨询中谁都没有来访者自己来得重要，也没有什么事情会比你自己能察觉到自己的潜意识更重要。

你在做某个选择或某件事的时候，有时候可能会产生一种做梦的感觉，做完之后才"清醒"，仔细想想当初的出发点和事后的结果，才知道自己原来是这么想的。其实这有可能就是潜意识在起作用。虽然这听起来可能有一些唯心，但其实你可以想一想那些令你后悔的事情，想想当初为什么"不自觉就那样做了"。也许那根本就是你想这么做，你的潜意识已经提前帮你做好了决定。

有一次跟一个很久没见的朋友相约吃饭闲聊，他突然跟我说他分手了。我当时就很奇怪，然后我就问他发生了什么事情？他们虽然异地，但每周都有时间见面。异地虽然会因为距离等各种因素分手，照理来说，如果有见面的机会，关系也不会一下子突然就崩了。

他说他好像也不太知道那段时间发生了什么事情。当时女生在事业上受阻，心烦气躁，他自己也有点不耐烦，所以那段时间一直在吵架。他当时知道女生可能只是想要见他一面，希望他支持她、给她力量。他说他当时也不知道怎么想的就没有哄，一直任由关系恶化，最后才导致他们分手。

我问他："那你当时明知道她需要什么，为什么就不哄一下呢？可能就只是一两句话的事情。"他说："我也不知道。"但是他后来突然说了一句："其实我知道不去哄她是会分手的。我们之间是不会长久的。"

理智上是觉得"不会长久的"，但是情感上或多或少还是流露出对当时这个决定的迷茫，还有伤心。再仔细想想，他说的不知道可能只是意识上的不知道，在意识中他逃避了自己做出的选择。

所以，我们只要觉察一下，就会知道，我们做的每一件事情都是有据可循的。

我跟我相处很久的爱人说过一句话："其实你特别知道怎样才会把我惹生气了，但你还是这样做了。"他听到这句话的时候，觉得特别不能理解，他的想法就是"为什么？我从来就没有想过吵架，我也不想我们的关系受到破坏"。但是在吵架的时候，有时候看起来是我单方面的吵，但可能是因为在此之前我做的某些事让他不满意了，但是他没有办法表达出来，所以他无意识中就会做出一些让我特别特别生气的事情来表达他的不满。通常我都会选择跟他沟通，即便他当时自己也没有办法理解，为什么在那个时候他会做这么一件事情。每一次吵架后，我们再去沟通，再去细想的时候，就会知道，这可能是潜意识想释放的攻击性或者情绪。他现在也越来越知道我所说的"其实你特别知道怎样才会把我惹生气了，但你还是这样做了"这句话的意思。因为我们在一起很久了，彼此都很熟悉，知道大家生气开心的点在哪里，意识上他可能是不想破坏关系，所以他不会表达自己的不满，但潜意识已经替他表达了。

潜意识比你更了解你自己，有时候我们在关系里面经常无缘无故地想发脾气，想吵架，或许当时不知道发生了什么，但潜意识都知道。也许就是你当时特别想要发泄自己的情绪，或者这是你在关系里特别熟悉的模式。这是意识无法告诉你的，你也无法得知，但是你的潜意识一定会知道，而且替你选了你最熟悉的模式和最快速的途径来达到你真正想要的结果。你无意识中做出的这些选择，就是要通过这些选择得到某个结果。这个结果往往有可能是不太好的结果，还会让我们自己难受。但这有可能就是我们最想要的。

我们最真实的想法不在意识中，而是在潜意识里。潜意识总是悄无声息地发生作用，又或者说，这也是我们从小到大根深蒂固的行为模式被潜意识记住了。有时候，这可能是件可怕的事情，因为我们不自觉地被自己的潜意识操控着，关系也在悄无声息中被破坏了。

可能你没办法接受一些你会后悔的决定和事情，但这正是你最想要的结果，而且往往这才是关于自己的真相。

如果不去觉察，我们可能会一直活在这种"不自觉做出的选择"所带来的后悔和懊恼中。因为我们不能承受这件事情的后果，不能承受，也不想对这个结果负责。我们会受困于事情或者选择所带来的情绪，没有办法真正面对事情本身，也没有能力去面对事情的发生。

人成熟的标志之一就是一个人是否能对自己所做的事情、所做的决定负责。

所谓负责，既是指对结果负责任，也是指你对事情结果所导致的情绪负责。有时候我们莫名其妙做出来的事情，我们是无法接受的，我们也无法接受这些事情所带来的情绪。但这可能正是我们最想要的结果，也正是我们给自己的"惩罚"。

潜意识是需要被觉察的，觉察正是一种看见。我们可以选择去看见潜意识中关于自己的真相。

当你得知潜意识里你真正想做的事情，你再去做决定的时候，你就会多一个选择，也会很清楚地知道自己到底在做什么。

比如我那个朋友，他突然说出的那句话，让他想清楚了很多事情。我想，也许现在他看到了一些事情，他是接受的，因为这是他的真实想法，也是他真正想要选择的路，可能这也是他在当时的情境中无意识地觉得这个结局才是对他们关系的最优解。

而当时如果他知道他一直任由关系恶化就是为了分手的话，他可以多一个选择。比如说，认真跟对方沟通，协商一致没有遗憾地分手，而不是糊里糊涂地任由这段关系破裂。而且他当时就能觉察自己真正的想法，他是能接受这个分手的结果，也能对这个结果负责的。否则，他就有可能会一直困在分手所带来的情绪中。

觉察并不是一件神秘的事情，它意味着让意识的光照进你的潜意识，让你知道自己此刻在做什么，有哪些选择。当一件事情你有更多选择的时候，你就可以找到最好的解决办法。即使结束一段关系，也是能达到最优解的，而不是任由潜意识熟悉的模式主导你去做一些让自己后悔难受的事情。

如果在你觉察之后，看到自己面临很多选择，但你仍然选择让自己难受的方式，那也是一种选择。你也能承担这个选择所带来的任何负面情绪，而不是任由这些情绪主导你的生活，也不是借由这些情绪所带来的负面影响来惩罚自己，惩罚那个"糊里糊涂"的自己，惩罚那个把关系"破坏"的自己。一环扣一环，很多时候我们无意识中承受了很多，这得对自己多残忍多严苛啊。

事情有因有果，也许有时候我们能清醒些，多做一步，觉察一下，看看是想要什么样的果，才去种下相应的因。真相是需要被看见。我们也能有所选择。

凡是做事总会有个结果，不管得到的是甜果还是苦果，最重要的还是自己能心安理得。"心安理得"也是一个人做一件事后所能达到最舒服的感受。

做人顺其自然,做事心安理得,人自然活得自由舒服些。下一次做事前,不妨试试?

我们的身体会说话

我们离自己和自己的身体越来越远,
越来越没有时间好好了解自己。

我有很长一段时间一直在生病,最严重的时候嗓子都哑了,几乎发不出声音。我就一直自嘲,像我这么爱讲话的人,大概老天也看不过去了,想让我停一停。

细想一下,这也是不无道理的。这个老天爷,其实就是我自己,我的身体告诉我,我需要休息了。

很多时候我们总是在忙着工作,忙着去跟外部世界打交道,往往会忽略身体里的内部世界。然而,我们的身体会首先感知到身体内部世界的信息,我们日复一日地在使用身体。长时间地工作,维持同一姿势握着鼠标敲打键盘。这好像没有什么,但是持续下降的视力、稍微用力按摩就会疼痛的身体，都在告诉我们——我们很疲惫，我们需要休息。

似乎这些信息总会以异常尖锐疼痛的方式呈现，而我们却并不会特别留意这些来自身体内部的信息。或者说，对这些信息，我们并不关心。我们只关心今天做了多少工作，这个月挣了多少工资，年底要发多少奖金。

不知道你有没有经历过：当你很焦虑的时候，你会失眠，辗转反侧；当你压力很大的时候，身体总会莫名地疼痛；当你很紧张的时候，肚子就会莫名绞痛，腹泻不止；当你的身体突然出现一些疼痛，你跑到医院，医生却只会告诉你，你的身体没有检测出任何问题。

这时候，就是你的身体在告诉你，一定是你的生活出现了什么问题。

这种情况，我在高三时就经历过。
高三是我们人生中最紧张的时期，同学们都在忙碌地备战，只有我过得很悠闲。
每天，别人已经读了半个小时的书，我才踩着点踏入教室。
一到下课，别人还在抓紧时间看书，而我则急着跑出去玩。
晚修两个小时，我还会分出半个小时来看课外书。

在旁人看来，我轻轻松松地就名列前茅，甚至连我自己都觉得我过于轻松、悠闲，一点都不像他们那么有压力，所以很多人就羡慕我，问我为什么那么悠闲，成绩却还是那么好。

可是我是真的很轻松吗？

那段时间，我突然发现我的耳朵出现了耳鸣，就像耳朵里面出现了一堵隐形的墙，隔开了我跟外面世界的联系，声音在我的耳朵里变得很模糊。

为此我还特地请了假，去医院做了一个下午的检查，听声音大小啊，看耳膜有没有破损啊。医生把我里里外外检查了一遍，结果发现什么事情都没有。那个医生最后无奈地跟我说："你最近可能压力太大了。"

虽然医生并没有检查出什么，但我的感觉却是真实存在的，我能真切地感觉到我的耳朵里面就是有一堵墙，让我听不清别人说什么。直到高考前一天，耳朵里的那堵墙才消失，我的听力也恢复了正常。

如果身体会说话，我想那时候它大概想跟我说："其实，我并不想每天听到有人无数遍强调高考有多重要。"

那段日子，每天都会有老师、家长、长辈等无数次苦口婆心地告诉我们高考有多重要，借此施压。我的潜意识通过屏蔽听力表示抗议。

这样的情况，在我迄今的人生中，出现过好几次。压力最大的时候，我会长湿疹，浑身痒，涂药都没用。

所以其实很多时候我们的身体比意识更快，能感觉到潜意识在说什么。

所以现在有很多人在说正念、冥想、内观等方法，就是让自己静下来，活在当下，去感受身体，感知身体告诉你的信息。

心理咨询师资格考试有一道大题，就是出一个案例，让考生判断案主的情况。

首先要判断器质性病变，器质性病变就是指我们生理上的病痛。

就像现在去精神科进行诊断的时候，精神科医生首先也会先排除器质性病变，排除生理上的病痛。

因为有一种疾病叫作心因性疾病，就是由心理问题引发的身体疾病。这样听起来好像有点唯心主义，心因性疾病是存在的，其中就包括疾病获益。

有一些被忙碌的爸妈忽略的孩子，他们会通过生病来获取一些利益，比如说生病就可以不用上学，请假在家，有爸爸妈妈、爷爷奶奶的照顾和关心。

他们的身体记住了这样的方式，这样可以获得爱和关心。当感觉到被忽略时，身体就会自发性地生病，以获取亲人的关心，甚至连他们自己都意识不到。

世界心理卫生组织指出，70%以上的人会以攻击自己身体器官的方式来消化自己的情绪。当你的情绪被积压到一定程度，就会在身体上爆发。

我的一个朋友有段时间反复感冒，一直好不了，喉咙一直干痒，像有痰堵着，没办法吐出来。医生只开了感冒药，建议她调整心情，压力不要太大。

我们看到她时，她整个人像被吸了精气一样，有气无力。

她说：我想好好的，怎么所有事情都不能好好的。

我说：如果不生病，你想表达什么呢？

她眼泪一下子就出来了。

原来她之前换了岗位，什么都不适应，加上亲密关系中出现问题，她很希望男朋友主动来关心她。

所有的愤怒委屈都无处可说，只能自己消化。后来她换了工作，主动跟男朋友和好沟通，感冒自然也就好了。

意识和潜意识有时候是背道而驰的。潜意识仿佛是没开发的藏着宝藏的山洞，身体就是矿灯，而意识就是一束光。

当身体反馈出信息，意识之光照进潜意识山洞，能源问题就不再棘手了。

身体什么都知道，包括我们意识所不知道的，它储存了我们的记忆、经验以及感受。它会表达潜意识想要我们知道的信息。

美国著名的精神神经免疫学的科学家甘蒂丝·柏特（Candice Pert）提供了一个科学上的研究突破，她发现那些包含情绪的分子分布在人体全身。

所以，情绪是存在于我们身体里的，可以由身体进行表达。而我们离自己和自己的身体越来越远，越来越没有时间好好了解自己。

研究表明，当你觉得你很渴，想喝水的时候，你已经严重缺水了。

不要等到我们的身体发出强烈的病痛信号，无论是通过疾病获益还是身体的抗议，我们可以先一步觉察自己的需求，满足自己的身体，照顾好自己。

当我们把意识之光照进潜意识时，潜意识的宝藏就会被发现。

当你的身体开始出现状况的时候，该打针打针，该吃药吃药，要遵的医嘱一个都不能少。除了吃药打针，也许你还可以尝试着去觉察一下，跟身体对话。

如果不咳嗽，你想说什么？
如果不生病，你想表达什么？
生病了，是想休息一下吗？
还是说，想得到某些人的关心？

尝试跟身体对话，尝试用这样的方式，把意识之光一点点照进潜意识。去了解自己到底想要什么，其实也是在照顾自己。

写在最后的话：
经常照顾好自己，无论是身体还是心理，有时候，身体心理就是一体的。
天冷时，注意添衣，注意身体，照顾好自己。

第四章

关于焦虑

——在缓解内在压力中学会精神独立

过于佛系，是一种压抑

*"即使我预见了所有悲伤，
但我依然愿意前往。"*

前段时间一个很红的词：佛系。佛系一开始是指有也行，没有也行，不争不抢，不求输赢的生活态度。这个词一直被用，继而衍生出很多其他的意思。

当时有篇推文是这样解释的：佛系，顾名思义，代表着不以物喜不以己悲，以"一切随缘"为指导精神的生活的总称。基于此，很多衍生的词语当作调侃自黑用。

例如：

佛系买家语录：我们买的不是东西，是和平。

佛系员工语录：心如止水，不悲不喜。

佛系外卖顾客语录：食物从来都是为了填饱肚子。

佛系恋人语录：人生就像一场戏，你我有缘才相聚。

……　……

有人说这是为了排解压力而自黑。

然而，这些语录看着让人发笑之余，还多出了一些无奈。

因佛系而备受社会关注的"90后"和一大堆代表"90后"的推文反复强调"90后被出家了"。

其实不止"90后"，"佛系"这个现象由来已久。

仔细观察一下，就会发现，不管是不是"90后"，很多人都是抱着"佛系"的生活态度的。

"佛系"的诞生，背后是满满的焦虑。"佛系"的人自己可能不一定感觉焦虑，但是社会还有家长替他们焦虑。而这些自称"佛系"的人，某种程度上过着"顺其自然"且无奈的生活。

所谓"佛系"，最大特点是"无欲无求"和"顺其自然"以及"不争不抢"。

这种佛系，其实是对欲望的压抑。而这更多的是一种"没有期望就没有失望"的状态。说白了，这是一种类似心死的状态。

古人说："哀莫大于心死。"就是这样的状态，意思是，人世间最悲哀的莫过于人没有思想或失去自由的思想，这比人死了还悲哀。

是的，抗争没用，那就不争不抢，没有期望就没有失望。于是，生活就日复一日，按照预定的轨迹周而复始。

但预定的轨迹，是谁预定的？

"佛系"人的每一步，都是按照父母的意志和安排走的。

很多人口中的"不知道要做什么"和"不知道要怎么做"，有时候不是不知道，只是被灌输了太多父母的"爱之深""不容易"，于是懂事乖巧地埋没自己的想法，乖乖做个父母眼中的好孩子。

但这样活着，你还是自己吗？

我有个朋友叫小小，她父母从小对她严格要求，要考什么学校，要读什么专业，甚至连将来找什么工作都安排好了。

小时候她喜欢画画，跟妈妈说自己喜欢画画之后，她期望着父母能看到自己这方面的兴趣爱好，她期望着爸爸妈妈能给予一些鼓励。但爸爸妈妈一致认为画画没有什么好出路，所以不许她再碰画画的东西，只能专心学习。父母打着"为你好"的旗号控制着她的生活，她的兴趣爱好只能为学习让步。

在这一次次类似的表达无效和让步中，她明白了：自己的意志是不会被允许的,爸爸妈妈也是为了我好;我喜欢的事情和我的情绪是不能够表达、不能够被看到的,那我为什么还要表达呢?就这样吧。

她就像个牵线木偶,这根线在父母手里,每一步都是按照父母定好的路线来走的。

当说到父母和她的意志总是不太一样,而她最后让步的时候,她眼睛总是湿湿的,一直在强调"没办法呀,他们也是很不容易的。我没啥感觉,这样也挺好的"。

这样的强调带了点无力和悲哀。

这样真的就挺好的吗?那种无力感是骗不过任何人的,当然也包括她自己。

只不过,她选择把所有感受都压抑了。她用"这样也挺好的""就这样吧""父母也是为了我好"这些理由来把不舒服的感受合理化。就像《伊索寓言》里的那只狐狸,饿得手脚无力之时只找到一个柠檬,它咬了一口柠檬,说柠檬是甜的。

再加上,连最亲近的人、最初的客体——父母都不能满足自己,那我还能被谁满足呢?还会有谁看到我吗?我的要求肯定都是不被满足的,我的情绪都是不好的,我不能有自己的意志,这样才能对得起父母。

于是,小小就这样在潜意识中完成了这些思维过程,从而指导自己的行为——按照父母的意志安排自己的人生，父母定下的目标成了自己的目标。

前已无通路，后不见归途，索性放下执念。

但同时，潜意识里还是会有一些被压抑的感受——无奈、委屈、愤怒。

无奈的是，现状即使被察觉到了，也没有什么力量去改变。

委屈的是，我都已经按部就班了，可还是没达到自己觉得真正开心的状态。

愤怒的是，我为什么一定要这样做呢？我也有自己的想法啊。这愤怒与其说是对父母的，倒不如说是对自己的。

当无奈、委屈和愤怒一下子到顶点的时候，这种感受特别痛苦，人会倾向于完完全全忽略逃避这种痛苦，权当不存在。

于是，太多的情绪感受被压抑了，身体就开始出毛病，对待生活的积极性也不高，麻木且乏味地生活着，日复一日。

我能理解那种感受，因为知道抗争无用，哀求无用，除了接受，任何方式无效。与其因为被拒绝和不被看见会产生痛苦的感觉，倒不如从一开始就先压抑清空自己真正的想法，不抗争，没有期望就不会有失望。

只有自己达到"无欲无求",才能接受一些事情。众多的情绪都被隔离压抑了,只有说服自己这是好的,才能接受。路早就安排好了,自有人操心焦虑。不争不抢,连目标都没有,谈什么达到,又怎么争怎么抢?

即使内心深处在挣扎,每天都在接受着来自灵魂深处的拷问:活着是在做什么,有什么意义?

这样过于佛系,是压抑,也是对自我的放弃。

有些人可能困于过于压抑的生活中,面对生活中这种周而复始的乏味,茫然无措。

这种压抑的状态可能只是你尝试合理化一些事情或者隔离自己的情绪。

真正的顺其自然是我能觉察自己,知道自己有什么感受,先处理情绪感受再去做事,事情的好坏结果都能承受。

我所理解的真正佛系是:能活出自我,但也能保持平和的心境。这是一种平衡自如的状态。

不成长,可能就会一直处于混沌停滞压抑的状态。我一直强调,自我觉察是成长中最重要的一环。没有觉察,内心的孩子就永远不可能长大。

你可以试着去觉察自己的真正情绪,问问自己:这真的是我想要的吗?这样我开心吗?舒服吗?我真的不在乎自己吗？如果我去做自己想做的事情，如果我做自己，会怎么样？……

首先感受自己的情绪，当你能觉察自己的情绪和感受时，会逐渐清楚：父母是父母，他们的意志是他们的。

替别人活，不是你的人生。你的人生是你的。

试着卸下防御，去感受自己的情绪，去感受自己的感觉，去看见内心那个被控制无法长大的小孩。如果连你也看不见自己，别人就更不可能看见你。

我们要看见自己，尝试表达。

当你觉察到这些之后，无论选择顺从还是抗争，这都是你的选择，也还是你的人生。关键在于，你对自己的人生是有掌控感的。你不再害怕，不再愤怒，也不再委屈。

自我成长需要时间和过程，这一步步，顺其自然。

卸下防御，感受自己。

可以有期望，同样也能接受失望，才能活出真正的自己。

电影《降临》里有一句台词是这样说的：

"即使我预见了所有悲伤，但我依然愿意前往。"

当我们表达愤怒时，我们得到了什么

一个气球，它积攒的气越多，
它就会越鼓，
鼓到一定程度不把一些气放出来的话，
它就会爆炸。

网上曾经有一个很火的视频，一位大学教授因为赶不上飞机了，就去和机场的地勤人员沟通，地勤态度不是很好，而且在背后嘲笑她"可笑不可笑，脑子有毛病"。这句话被她听到了，让她很生气。她就直接骂了那个地勤，连警察都出动劝架了。

我们也不知道事情的前因后果，只是这位大学教授在跟地勤对话时，明显是有情绪的，是真的非常生气，视频最后地勤是笑了一下，给人感觉不太好。

很多人就自然而然地相信了教授口述的版本。很多评论说，大学教授做得对，有些服务人员的素质就是这样让人生气。

更吸引我的是另一种评论声音，大部分人都在说，很钦佩这个教授，能把自己的怒气表达出来。有人还说，服务行业态度不好确实让人生气，有时候我就安慰自己，人家接待的人太多，脾气不好。

看到这个评论，我顿时有一种找到知音的感觉。

因为我也曾经是这样子的。当我碰到服务不太好的人，我会安慰自己说，算了吧，人家可能只是太累了，顾不上我们。但每次安慰自己的时候，感觉很憋屈，对这些人很愤怒。这种憋屈和愤怒是没办法说出来的，因为那是我自己刻意用理解他们和安慰自己去掩盖真实的愤怒感受。

同时，我会用另外的方式去表达我的憋屈和愤怒，我会跟朋友很生气地说"以后再也不来了"，或者发个朋友圈泄愤，希望这家店因为我的这些举动受到"报复"。这是很幼稚的幻想，但在那时多多少少安慰了自己。

这些方法通通只是暂时平息了怒火，安慰也只是暂时的。因为我再怎么安慰自己，憋屈和愤怒都还在。我会觉得自己很糟糕，我会想："别人凭什么这样对我？为什么我会让别人这样对我？"这就相当于我在憋屈愤怒的同时，自己也插了自己一刀，我在责怪自己：为什么要让别人这样对我？为什么我就是不敢跟别人表达我的怒气？

也许你也是这样的，受过一些委屈和不公平对待，没办法为自己发声；也许是在父母或者入侵你的边界时，你愤怒，但也没法拒绝。

我遇到过很多跟我以前一样的人，他们从不敢表达自己的怒气。广东人经常用一种动物形容这种状态，就是鹌鹑。鹌鹑是生性胆怯的鸟类，它们缩颈寻食，不喜结群互动，总是缩成一团，不敢出头。这种形态就好像那些不敢为自己发声的人。

人更会把这种怒气往自己身上撒。

在学习心理学之后，我越来越欣赏那些善于表达愤怒的人，也更倾向于把愤怒理解为一种力量，当你能把愤怒展示出来的时候，你也就更有力量，更有生命力，更有活力。

很多人觉得愤怒不是个好东西，因为很多人认为，当你把愤怒表现出来的时候，就意味着关系会因此而毁灭。

但是，为什么我们会把愤怒这种东西当作不好的事情，不敢表达自己的愤怒？为什么我们会把愤怒跟毁灭关系连在一起？

相对成年人而言，最会表达愤怒的是小孩子，小孩子是最容易看出喜怒哀乐，也是最容易表达情绪的一群人。当孩子内心有冲动，比如说他感到愤怒的时候，他就会以最直接的方式表达出来。

稍大点我们就会经历这样的一个阶段，以前我们很容易就能表达出来的愤怒，被父母压制下来了。因为大部分父母是没办法承受孩子的这种情绪的，他们没办法承受的时候，就会用一些惯用的伎俩来面对孩子。比如，他们会说"你再这样我就不要你了""你再这样我就叫警察叔叔来把你抓走了啊"。

久而久之，这些话就会刻进我们潜意识里面，我们会认为，当我们表达愤怒情绪时，爸爸妈妈就不要我了，跟我们断绝关系。我们当时不理解，关系不一定会因为我们表达愤怒就被毁了。于是对被抛弃的恐惧感超过了愤怒，我们就会自然地把愤怒的情绪收起来，选择了一个自认为更好的容器去吸收愤怒的攻击性。这个容器就是我们自己。

但这真的是一个更好的容器吗？不见得，因为情绪是流动的，是会转移的。

我就深刻地体会过这一点。

有一次我在超市里买东西，结账时服务员的态度不是很好，我就很憋屈，也很愤怒。等到我把购物手推车推开的时候，另一位服务人员走上来，很有礼貌地问我，是否还需要这个手推车。我情绪还没缓过来，脸色也很臭，直接说"不需要了，你推走吧"。对方应该是有些莫名其妙的，但他还是很有礼貌地跟我说了一声"谢谢"，完全听不出有情绪。当时我就感到羞愧，也反问自己："为什么我会把这样坏的情绪发泄到无辜的人身上？为什么我不能让哪里来的情绪哪里去呢？"这就是踢猫效应，指的是负面情绪是会传递的，通常由强者传递给弱者。

在我们愤怒的时候，我们无法对着那个人发火，我们一定会对自己生气或者传递给另外一个人，最后还是会回过来攻击自己，就像我羞愧地反问自己。这是一个天衣无缝的循环圈，最后攻击的落脚点一定是自己。

可是，何必呢？明明自己也是无辜的承受者，我们的攻击性最终却指向自己。

所以很多时候，我们需要恰当表达自己的攻击性。比如，直接跟对方沟通表达你的愤怒，或者用合理合法的手段维护自己的权益。

就像我，后来我实在气不过，就直接去投诉那位服务员。后续处理结果我们就暂且不提，也不重要。但是当我真正表达自己的愤怒，我对他的不满（当然，这种不满是针对他做的这件事情），在我说出自己的憋屈和愤怒之后，就感觉好多了，也感觉自己活过来了，不再被当时的情绪影响我，操控我。

当然，我当时的出发点并不只是为了自己，也是为了不祸及其他人。但最后受益的是我。

我感受到表达攻击性的酣畅淋漓。

更多时候,恰当表达攻击性是为了自己。你可以想象一下,一个气球,它积攒的气越多,它就会越鼓,鼓到一定程度不把一些气放出来的话,它就会爆炸。愤怒不应该是被忽略的一部分,如果愤怒被忽略了,那一定不是你所认为的"忽略",只是被压抑了,并且会在无意识间伤害自己。

在咨询室里,很多人因为惯有的模式,不敢向咨询师表达愤怒,当他能表达愤怒的时候,我们会欣喜地发现,我们的关系又进了一步。所以咨询师有时候会"勾引"来访者表达愤怒。因为愤怒也是一种生命力。当他体会到攻击咨询师之后,关系还在,一切都没有想象中那么可怕。他就会有一种新的体验,也更有生命力了,更能活出他自己了。

在关系中,愤怒的表达也是很有必要的。因为只要有关系的存在就会产生摩擦,如果你不主动释放,就会受到被动攻击。

跟"鹌鹑"型人相处起来是不会舒服的。对方会觉得你小心翼翼,脆弱得像一个玻璃娃娃,不能攻击,不能碰,所以对方同样也会觉得压抑。

从前我跟一个朋友就是这样相处的,她说,相处下来,她能感觉到我对她的愤怒,但是我没有表达出来。我觉察了一下，因为我害怕对她发火之后，我们的关系就这样没了。但是我试过了好几次在我们的沟通中感到不舒服就直接怼她，她也用同样的方式表达她的感受。然后，我发现我们的关系并没有死，反而因为有了这些愤怒的表达，我们的关系更加亲近了。

就像现在判断一段关系够不够铁，就看你敢不敢"怼"对方，互怼虽然是种开玩笑的相处模式，或多或少也是有点"愤怒"情绪。

如果你害怕别人承受不住你的攻击性而不敢表达，那也许你要想想，是不是你自己承受不住别人对你的表达。

真正的关系不会因为你表达出攻击性而被毁。也不要害怕关系会死，关系远比你想象的要坚韧多了，除非是你自己想要放弃。

一个人本来就该有爱有恨，这样才是完整的。同样地，一段关系本来就该有爱恨才会有纠缠。

自由而流动，这才是关系本来的模样。在关系中，越能表达攻击性，关系就越流动。

人越活越完整，关系越来越流动，这才是我们在关系中最美好的样子。

"尬聊"的背后是什么

有时候沉默,
可能仅仅意味着这个时候需要一点时间缓冲一下

B找到我,她说跟男朋友异地恋,工作性质也不一样。两个人见面的时候,偶尔会陷入一种莫名诡异的沉默中。她想,两个人连话题都没有了,是不是已经不合适了。

当她跟我说的时候,我能感觉到她非常无助,希望我能给她一个答案——"是"还是"不是"。

在我思考的时候,我们之间出现了片刻的沉默。

她有点坐立不安了,问:"这个问题很难回答,是吗?我自己也知道的。"

我忽然觉得哪里不对,显然,刚刚的沉默让她非常不自在。

我问:"是因为我刚刚思考了一下,我们沉默你觉得很不安,是吗?"

她犹豫了一下，点点头，说："好像一直以来，我对沉默都挺害怕的。"

当我们出现沉默的时候，她开始坐立不安，感觉我们之间有"暗流涌动"，所以她才迫不及待而又小心翼翼地打破沉默。

在那个当下，我特别能体会她当时的感觉。

这种感觉就是很慌，这种沉默会让人坐立不安，仿佛对方或者这段关系进入了一个让我们抓不住的状态，让我们小心翼翼，又很害怕，害怕接下来会发生什么不好或者无法控制的事情，所以，我们努力想要结束沉默，努力在关系中创造活跃的氛围。

假如等不到对方的回应，我们会害怕自己是不是在想要结束沉默的冲动之下说错了什么，更加小心翼翼，更加迫不及待想要去做点什么打破这个沉默，使气氛不再尴尬。但是往往这个时候，我们更容易犯错，所以我们会感觉很累。这种累是心累，会感觉自己像个小丑，一直在活跃气氛，一直在逗别人笑，即使自己已经对这种情况有点束手无策，不知道该说什么了，还是想结束沉默。

安静的氛围会让自己感觉到心很空，什么都抓不住的恐慌,而沉默带来的也是恐慌,是害怕失控,是对不受关注深深的恐惧感,所以迫不及待想去做点什么来填补自己心里因为沉默而出现的空落落和恐慌的感觉。但越是这样,好像越"丢脸"。

沉默所带来的一系列感觉,从尴尬到空落落再到恐慌,最后到羞耻,都不是让人舒服的感觉。

如果有沉默,我们就需要急不可耐地打破,那尴尬的氛围会被持续扩大,我们心里对沉默带来的恐慌也会被放大。

有时候,害怕沉默,也是因为害怕关系中的不确定性,于是,需要做点什么来对抗心里的恐惧。

沉默时说出的话,与其说是为了不让气氛尴尬,还不如说是为了填补心中因为沉默而出现的失控感和恐惧。

现在流行一个词——"尬聊",尬聊最让人熟悉的情境是,为了打破沉默刻意制造话题。其实当跟别人相处时,出现沉默,有尴尬的感觉是很正常的,但如果迫不及待想说点什么缓解尴尬的气氛,就变成所谓的"尬聊"了。

这种尬聊的背后,是无奈,也是恐慌。

所谓尬聊,不仅说者尴尬,听者也为之尴尬。
除非是必要的尬聊场合,我想很多人都会同意,与其尬聊,不如不聊。但有时候,有些人就是不习惯沉默,就是迫不及待想要打破沉默,这种"迫不及待"也很痛苦。

为什么我们会害怕沉默?

也许是沉默触发了你的一些不好的感受,让你急于打破沉默。你还记得第一次沉默带来的恐慌是什么时候吗?

也许是,小时候爸爸妈妈吵架后,家里充满了沉寂而诡异的气氛,那个氛围让人觉得下一刻这个家就要散了,这种时候你忍不住想要做点什么"撮合"爸爸妈妈,"拯救"这个家。

也许是,你小时候曾被爸爸妈妈冷漠地对待,你害怕冷漠中酝酿的风暴,害怕因此而被抛弃,这是种本能的恐惧,你想做点什么去证明自己的存在。

也许是,在亲密关系中,对方一句"我们好好冷静下"之后便杳无音信,又或是关系就此破裂,所谓的沉默唤起了你对"冷静"的恐惧,你想做点什么去打破关系的僵局,不再重蹈覆辙。

也许是,朋友之间聚会,本来玩得很好的朋友好像突然变得很陌生,见面只剩下沉默,你很怕彼此之间越走越远的感觉,很想做点什么去"挽回"感情。

这些通通都成为你潜意识中恐惧的来源,于是,只要有沉默,这种对沉默的恐惧就自然而然地被唤起了。

现在网上很流行一个观点：两个人在一起最重要的是有话聊。

对此，我不否认。这个"有话聊"指的是大家有共同的话题，可以一起讨论，沟通彼此的想法。但很多时候我们也误会了这个"有话聊"的意思，可能很多人会认为两个人相处必须时刻要有话聊，否则这段关系就没法维持下去了。

所以，当沉默出现时，我们心里会忍不住害怕，害怕这段关系就会因为"没话聊"而变淡。我们不是不在意，而是太在意了，不希望无话可说，不希望感情变淡，才会对"没话聊"产生恐惧。

可能某些人是忍受不了这种沉默的。有时候沉默也是一种相处方式。

而且沉默也是有意义的，不管是对关系还是对个人而言。

以前我们上团体课，作为组长，我第一次带领团体的时候，因为团体里大家都不熟，都是点头之交，所以刚开始主题讨论的时候，大家会沉默。我当时心里很慌，就迫不及待想要说点什么以活跃气氛，结果大家也就形式上捧场一下，轮流说两句，就又陷入沉默了。结束的时候，我对自己这次带团体做了总结，发现我越想活跃气氛，场面越尴尬。

后来我去请教老师,老师只问了我一个问题,她问我:"沉默就沉默啊,你为什么那么害怕沉默呢?"

我当时愣住了,随即恍然大悟:"对啊,我为什么那么害怕沉默呢?"

可能是我身上背负这个组长的头衔,让我觉得我是有责任的,所以我害怕沉默,害怕这个组是因为我带得不好才出现沉默。这也是我的一部分自恋。我一心想要解决,但大家本来就不熟,沉默本就是团体的一个过程。

后来我也就能更坦然自如地面对这种沉默了。沉默也有它的意义,在沉默时,每个人细微的动作和神情也不一样。这在团体里是非常有意义的,也很有意思。

是我害怕沉默,而不是这种沉默给团体或者我们的关系带来什么毁坏性的后果。

有恐惧,所以想对抗。但越对抗,就越恐惧。

在关系中亦是如此。

有时候沉默,可能仅仅意味着需要一点时间缓冲一下,可能只是关系还没建立,又或是已经聊到需要缓一下,也有可能是意味着双方需要静下心来去思考彼此的关系,也有可能是对方发呆独处的一段时间,我们不便打扰。

沉默有很多原因,不一定是关系变淡了,当然,我们需要看清楚到底是关系真的出现了你所恐惧的那种情况，还是我们自己内心的恐惧在作怪。

但有些人就会被恐惧主导，会利用"沉默让人没有安全感"这个理由来说服自己去做点什么或让对方说点什么，来结束沉默。但有时候我们越是这样，就越没有空间给对方，或者说没有给一段关系喘息的空间。

因为恐惧，我们要做点什么来抓住对方，其实内心深处，我们希望他能够坦白，完完全全地在这段关系里面跟你沟通：他此时此刻在想什么？

当对方沉默的时候，我们会很慌。这种慌，是沉默带给你的吗，还是我们自己心里慌？这可能是我们需要觉察的部分。

害怕沉默，只是害怕它带来的后果，还是害怕它曾经给你带来的不好的感受？

这种恐惧源自我们的潜意识深处，我们能做的也许是看看迫不及待打破沉默背后的动力。就像我带团体的时候一样。

在沉默中，我们也许可以去思考觉察，为什么自己这么害怕沉默？到底是在害怕这样的氛围，还是在害怕别的什么？那沉默带来的感受是什么，是焦躁不安还是让你无法面对的失控，还是说我们是在害怕这段关系因为沉默而会变坏？

陷入沉默时，我们不必急着去做什么，而是先要看清自己，并直面这种恐惧，然后再去看关系。

沉默本身的意义在于你怎么看待它，以及在一段关系里两个人怎么看待。当你能觉察并直面对沉默的恐惧时，沉默对你来说，也许也是一段难得的独处时光。

如果沉默实在让你心慌，你也可以尝试结束话题；如果跟对方关系亲密，也可以试着跟对方直接表达你对沉默的感受，也许这样的沟通更为直接。

沉默并不可怕，可怕的是我们被沉默所带来的恐惧支配，无法看到恐惧的背后真正要表达的，陷入"尬聊"的陷阱。

找到恐惧沉默的源头，不害怕沉默，也许这也能成为一种让自己舒服放松的方式。

你一直在努力,却为何越努力越焦虑

与其埋头努力消除焦虑,
不如抬头看看,
你的焦虑是从哪儿来的。

我们常说,越努力越幸运,其实有时候,我们是越努力越焦虑。

我想每个人都会有这样的时刻。小时候我们为了应对考试,我们不仅需要完成老师布置的作业,还会买很多很多的课外书,有些人还会另外聘请辅导老师,总之就是做了很多额外的功课。因为考试是我们不得不完成的事,所有人都在提醒我们考试非常非常重要,但有时候我们做得越多,越发现成绩并没有显著提高。这让我们(包括家长)越来越焦虑。当我们被无休止的焦虑控制时,我们并不快乐。

现在有很多人都是这样的。比如说刚入职的时候,你对新上岗的工作并没有把握，有点忐忑，于是你买了很多线上课程，参加很多线下培训班，装作很喜欢学习"很愿意学习"很爱学习的样子，仿佛如果不这样做的话，你就会落后。

焦虑中，我们越来越迷失自己，我们甚至不知道自己原来是什么样子，我们甚至不知道自己想要什么，每天似乎就是为了填补这些焦虑而活的，这只会让我们的生活会越来越糟，也越来越忙。我们越来越习惯用金钱去填补这些焦虑，其实心里越来越空虚。

有一段时间，我老是觉得自己很胖，对自己的外貌很不满意，买了很多护肤品，办了张健身卡，下了个 keep，买瑜伽垫在家练习，甚至还在网上找代餐粉和保健品。很多朋友都跟我说，其实我的身材刚刚好，我的样子也还可以。但我就是焦虑，所以才会花很多钱去做这些"无用功"。我越来越感觉到自己不快乐，因为吃这些的时候，虽然心里想着"我要瘦，我要瘦"，但内心是抗拒的。代餐粉没吃进去多少，健身房也没去几次，当然也没瘦多少。相反，我越来越在意外表，也越来越焦虑。明知道身边有很多人反复跟我强调不需要做这些，我还是忍不住。

结果是，花出去的钱很大一部分是在缓解我的焦虑。

这就是当代很流行的一种焦虑，被所谓的美、瘦、上进束缚着。像这种为了缓解焦虑而做出的努力，其实并不具备实质性的意义。因为这本身就是一场无意义的自我对抗。人天生就有惰性，有时候因为一些评价标准，我们需要做出十分的努力去对抗惰性，同时这是个消耗自己的过程，只会让自己越来越焦虑。为了对抗这种焦虑，我们需要选择"更难"的路走，比如说买书、买课程、刷题等，这样日复一日的消耗，总有一天会把我们耗尽。到耗尽的那天，我们会发现原来走"更难"的路并没有我们想象中那么容易达到想要的结果。那时，我们会很容易并且很迅速地垮掉，涌上来的更多的是一种委屈感和无助感。委屈的是"我都这么努力了，怎么还是得不到结果"，无助的是那种"叫天天不应，叫地地不灵"的感觉。这样只会让我们更加否定自己，从此一蹶不振。

只是，你真的努力了吗？还是，你只是为了缓解自己内在的焦虑而努力？

我们所做的事情更多是给自己一种错觉——"我在努力了"，也是在向别人包括自己证明，"我已经努力了，你就不要再要求和责备我了"。这更多的是对别人的无意识要求，也是对自己焦虑的讨好。

在我总觉得自己很胖很丑的时候，我总是很爱想到底从什么时候开始,我对自己的身材外貌这么在意,从什么时候开始,美和瘦成了我的标准。小时候爸爸妈妈总是喜欢叫我"胖妞",我们家乡的人喜欢用这样的昵称作为小名,有时候还会打趣地说:"胖胖的,就不要吃那么多啦。"那时候我还小,没办法把昵称玩笑和现实分开,就把这个小名记住了,但在潜意识里感知到了大人们的态度,即"胖"是不好的。通过很多渠道(后天学习),我也知道喜欢的很多明星都是又瘦又美的。当我长大后,我有了能支配的钱,就会不停花钱以希望把我的"胖"和"丑"的标签撕掉。其实小时候,我很想让爸妈对我说一句"宝贝,你很美"。为了这句话,我努力了很久。

也许你也是这样,小时候被爸爸妈妈贴上很多标签"胖墩儿""胖妞""小黑妞"等等,也在无意识中感知到爸爸妈妈以及社会大众的价值观,你会不自觉地往那个标准去靠近。想撕掉别人贴上的标签,想往社会大众的标准靠近,也想让自己变得更加完美。

我想,你已经为达成某个目的或者撕下这个标签做了很多徒劳无功的努力,却越发心累了。我们都想得到别人的认可,特别是最亲密的人——父母的认可,因为这是我们内心深处最渴望的。

也许这种标签从我们小时候就被贴上了,就像僵尸被贴了符咒,只能一辈子带着符咒标签前行,一直在努力,一直在挣扎。

但现在我们有选择的权利，我们可以选择是否带着这个标签前行，可以选择是否真的要把满足自己的需求这个权利交给别人。

弗洛伊德将人格结构分成三个层次：本我、自我、超我。本我是先天的本能和欲望所组成的能量系统，包括各种生理需要。自我是遵循现实原则的。而超我是由社会规范、伦理道德、价值观念内化而来的，遵循道德原则。

人是追求轻松快乐的，相当于精神分析中的"本我"，遵循快乐原则，而社会规则和别人的评价，相当于精神分析中的"超我"。

我们所做的那些努力是为了遵循超我，希望我们自己是又美又瘦又上进，尽善尽美，但人是有本我的。有时候超我和本我会吵架，本我会想要出来，这才是我们内心真正的需求。

本我想出来，而我们拼命用超我去压抑，去做很多压制自己本性的事情，如果连这样的努力都还是达不到标准的时候，我们会特别懊恼，也会像前文所说的更加否定自己。这样只会让自己更痛苦。

所以有时候，我们需要学会满足自己的需求，学会让本我出来一下，接纳当下那个有需求的本我，满足自己的需求，不必苛求自己达到什么样的标准和目的。

"接纳"这个词在现在的心理学上被强调了很多次，在这里，我想说的是另一件事：看清。看清当时自己着急着想要做更多事情背后的动力，到底是为了什么。是为了填补自己的焦虑而做出的"徒有其表"的努力，还是真的为了努力而努力。前者是不快乐和增加焦虑的，内心最深处是排斥去做这些事的，自然会事倍功半，而后者是自愿且快乐的，动力也是百分百的，做事情也能做到事半功倍。

先看清再接纳，接纳当时自己的状态，丑也好，胖也罢，想要懒一点也没关系。这通通都是你，都是你在当时所能呈现的最适合自己的状态。强迫自己是没用的。如果你真的不想要这样的状态，你自然就会去做些真正能具体做到位的事情，而不是为了缓解焦虑而做。"顺其自然"就是顺着自己当时的状态，怎么舒服怎么来。

我们希望得到别人的认可，但很有可能的是，你自己先不认可自己，你自己对自己也有认可的需求。我们偶尔也想要偷懒，想遵循快乐本性的需求。当你学会满足自己的需求时，就不会把这个需求投给外界，投到别人身上。这是对自己非常残忍的事情，如果把满足自己的需求这个期待落在别人身上，那是对关系的高估，也是对自己的打击。没有人会愿意一直当父母去满足还处于孩子时期的你的需求。自己满足自己的需求,是自己照顾自己,因为没有人比你更了解自己。

有时候,我们需要停下来,看看自己身上发生了什么,看看焦虑背后是什么,学会接纳自己,学会满足自己。

何不调皮地跟自己说一声:咱们不干了!试试?

当你被一些标准慌乱了心神,当你开始因为慌乱而选择了做更多事情的时候,我想说,这也是可以的,但你一定要知道那时候发生了什么。

因为你需要对自己好点。

阅读手记

阅读手记

阅读手记